U0325579

基于传统文化的当代环境可持续发展研究

王婧漪◎著

中国商务出版社

·北京·

图书在版编目（CIP）数据

基于传统文化的当代环境可持续发展研究／王婧漪
著. -- 北京：中国商务出版社，2024.8. -- ISBN 978-
7-5103-5459-5

Ⅰ. X321.2

中国国家版本馆 CIP 数据核字第 2024TU0213 号

基于传统文化的当代环境可持续发展研究
JIYU CHUANTONG WENHUA DE DANGDAI HUANJING KECHIXU FAZHAN
YANJIU

王婧漪◎著

出版发行：中国商务出版社有限公司
地　　址：北京市东城区安定门外大街东后巷 28 号　邮　　编：100710
网　　址：http://www.cctpress.com
联系电话：010—64515150（发行部）　　010—64212247（总编室）
　　　　　010—64515164（事业部）　　010—64248236（印制部）
责任编辑：杨　晨
排　　版：北京天逸合文化有限公司
印　　刷：宝蕾元仁浩（天津）印刷有限公司
开　　本：710 毫米×1000 毫米　1/16
印　　张：13.25　　　　　　　　　　字　　数：195 千字
版　　次：2024 年 8 月第 1 版　　　　印　　次：2024 年 8 月第 1 次印刷
书　　号：ISBN 978-7-5103-5459-5
定　　价：79.00 元

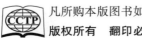

前　言

　　随着工业化、城市化的加速推进，环境污染、资源枯竭等问题日益凸显，对人类的生存环境构成了严重威胁。在此背景下，探索一条既能满足当代发展需求，又不损害环境的可持续发展之路，显得尤为迫切。而传统文化，作为历史长河中积淀下来的智慧结晶，为解决这一问题提供了宝贵的思想资源和实践指导。传统文化蕴含着丰富的生态智慧，它强调人与自然的和谐共生，倡导顺应自然、尊重生命的价值观。在农耕文明中，人们通过长期的生产实践，总结出了一套与自然环境相适应的生产生活方式，实现了人与自然的相对平衡，这种平衡不仅体现在物质层面的资源利用上，更体现在精神层面对自然的敬畏和感恩之情上，这正是当代环境可持续发展所倡导的核心理念。因此，将传统文化融入当代环境可持续发展实践中，不仅是对传统文化的继承与发展，更是促进当代环境实现可持续发展的必由之路。

　　本书共分为八个章节，主要以基于传统文化的当代环境可持续发展为研究基点，通过本书的介绍可以让读者对基于传统文化的当代环境可持续发展有更加清晰的认识，进一步摸清传统文化的发展脉络，为基于传统文化的当代环境可持续发展研究提供更加广阔的"用武"空间。在这样的一个背景下，基于传统文化的当代环境可持续发展研究仍然有许多空白，需要在已有的基础上进一步深入地开展研究工作进行填补，以适应不断发展的新形势。

作　者

2024.5

目　录

第一章　中华优秀传统文化概述　/ 001

第一节　文化与传统文化　/ 001

第二节　传统文化的核心价值观　/ 011

第三节　传统文化对当代社会的影响　/ 016

第二章　可持续发展意识的本体解读　/ 023

第一节　可持续发展意识相关概念辨析　/ 023

第二节　当代可持续发展意识内涵的诠释　/ 031

第三节　当代可持续发展意识构建的时代诉求　/ 037

第三章　传统文化中的生态智慧与环境观念　/ 046

第一节　传统文化中的生态保护理念与实践　/ 046

第二节　传统文化对现代生态理念的塑造与影响　/ 058

第三节　传统文化中的环境观念与可持续发展　/ 065

第四章　传统文化视角下的当代环境可持续发展模式　/ 075

第一节　当代环境可持续发展模式中的传统文化要素　/ 075

第二节　传统建筑与环境和谐共生的理念　/ 080

第三节　融合传统文化与现代科技的环境可持续发展策略　/ 093

第五章　传统文化与绿色经济发展的互动关系　/ 104

　　第一节　传统文化理念与绿色经济理念的契合点　/ 104

　　第二节　传统文化价值观对绿色经济理念的推动作用　/ 110

　　第三节　绿色经济发展中传统文化的应用与实践　/ 114

　　第四节　传统文化与绿色产业的融合发展策略　/ 123

第六章　传统文化与生态环境保护的协同发展　/ 131

　　第一节　传统文化中的生态观与现代应用　/ 131

　　第二节　生态环境保护政策与传统文化智慧的结合　/ 136

　　第三节　传统文化在生态修复与环境治理中的作用　/ 141

　　第四节　构建传统文化与生态环境保护协同发展的路径　/ 148

第七章　传统文化在当代环境保护中的创新应用　/ 153

　　第一节　传统文化理念的现代转化与环保实践融合　/ 153

　　第二节　传统工艺技术在环境保护中的创新运用　/ 160

　　第三节　以传统文化为根基的环保教育与传播策略　/ 171

第八章　传统文化在当代环境教育中的传承与创新　/ 180

　　第一节　传统文化在当代环境教育中的传承现状　/ 180

　　第二节　传统文化在当代环境教育中的创新应用与实践　/ 190

　　第三节　传统文化在提升公众环保意识与能力中的作用　/ 199

参考文献　/ 204

第一章 中华优秀传统文化概述

第一节 文化与传统文化

一、文化概述

（一）文化的含义

1. 历史传承与精神塑造

文化，这一概念涵盖广泛而深邃，它是历史的沉淀与传承。在人类文明的长河中，文化如同一条绵延不绝的河流，汇聚了世世代代人的智慧与创造。它不仅仅是一系列物质遗产的累积，如古迹、艺术品、文学作品等，更是那些无形却强大的精神力量与价值观念。这些精神，包括道德规范、风俗习惯等，通过家庭、教育、社会等多种渠道代代相传，塑造了鲜明的社会风貌。文化的历史传承性，使得每个时代的人们都能在先辈的足迹中找到归属感和认同感，同时也为未来的探索与发展提供了深厚的底蕴和启示。

2. 文化的多元共融与个体精神家园

在现代化的今天，不同地域的文化相互碰撞、交流，形成了丰富多彩的文化景观。这种多元不仅体现在艺术形式、生活方式等外在表现上，更深刻地反映在人们的思维方式、价值观念等内在层面。文化的多元共融，促进了人类文明的进步与发展。同时，对于每一个个体而言，文化也是其精神世界的支柱与寄托。在文化的熏陶下，人们形成了独特的个性与情感世界，找到了心灵的归宿与安宁。文化如同一片沃土，滋养着每一个生命，让人们在追求梦想与面对挑战时，都能拥有坚定的信念与不竭的力量。

3. 现代"文化"概念的多元理解与学科交叉

进入现代，随着时空转换和社会变迁，"文化"一词的内涵不断丰富，成为多学科关注的重点。在人类学、社会学、历史学、哲学等众多学科中，"文化"都占据着核心地位。不同学科从各自的研究视角出发，对"文化"进行了多元的理解和阐释。人类学家倾向于将文化视为一种社会现象，强调其在人类社会中的传承和变迁；社会学家则更注重文化在社会结构和社会功能中的作用；历史学家则通过研究不同历史时期的文化现象，揭示文化的历史渊源和发展轨迹；哲学家则从更抽象的层面探讨文化的本质和意义。这些多元的理解和阐释不仅丰富了"文化"的内涵，也促进了不同学科之间的交叉与融合。在现代社会，"文化"已经成为一个涵盖广泛、内涵丰富的概念，它既是人类社会的产物，也是人类社会发展的重要推动力。因此，对"文化"的研究不仅具有学术价值，更具有现实意义，它关乎人类社会的发展和未来。

（二）文化的分类

1. 从文化形态上来看

从文化形态的角度来看，可以将文化分为理论形态和世俗形态。这两种形态相互影响、相互作用，共同构成了文化的完整图景。理论形态的文化，是人类精神生产的观念形态产品，它体现在哲学、文学、艺术、音乐等经典文化形态之中，以其深邃的思想、独特的艺术魅力和丰富的精神内涵，成为人类文化宝库中的瑰宝，不仅反映了人类社会的历史变迁，也展现了人类精神世界的无限可能。世俗形态的文化则更加贴近人们的日常生活，表现在人们的文化观念、民间文化和当代的大众文化中，以其生动的形式、广泛的影响和深厚的群众基础，成为文化的重要组成部分，不仅丰富了人们的文化生活，也塑造了人们的文化认同和价值观念。世俗生活为理论形态的文化提供了深厚土壤和现实背景，而理论形态的文化则是世俗生活的理论升华和凝练。无论是哪种形态的文化，都根源于人们生活的社会。随着社会的发展变迁，文化也会与时俱进、推陈出新，不断焕发新的生机和活力。

2. 从文化结构来看

文化是一个复杂而多维的概念，从文化结构的角度来看，可以将文化分为物质文化、制度文化和精神文化三个层面。这三个层面相互关联、相互作用，共同构成了文化的整体框架。物质文化是指人类创造的物质产品及其所体现的文化内涵，包括生产工具、生活用具、交通工具等各种物质形态的文化。物质文化是人类文化的基础和载体，不仅反映了人类社会的生产力和科技水平，也体现了人类的文化传统和审美观念。制度文化是指人类在社会实践中建立的各种社会规范、组织机构及其运行方式，包括经济制度以及各种社会组织形式等。制度文化是人类文化的中层结构，它规定了人们在社会生活中的行为方式和相互关系，也体现了人类社会的组织和管理智慧。精神文化是指人类在社会实践和意识活动中形成的价值观念、思维方式、审美趣味、道德情操等精神成果，是人类文化的核心和灵魂，反映了人类的精神世界和内在追求。精神文化具有相对独立性和稳定性，能够在不同的物质文化和制度文化中保持其独特的魅力和价值。

3. 从文化的影响力来看

在文化的大舞台上，各种文化形态竞相绽放，其中主流文化与非主流文化构成了文化影响力的两大主流。主流文化，作为在社会上占据主导地位的文化形态，与社会主流意识形态相一致，为社会中多数人所接受和推崇。它以其强大的影响力和引领力，塑造着社会的文化风貌和价值观念。主流文化代表着社会的主流价值观念，引导着社会的道德风尚和行为规范；主流文化是社会文化创新的主要源泉，不断推动着文化的传承与发展；主流文化还承担着文化传承的重要使命，它将社会的文化遗产传递给后代，确保文化的连续性和稳定性。而在文化的海洋中，非主流文化也占据着重要的位置。非主流文化，虽然在社会中影响力较小，但被一部分社会成员或某一社会群体所接受和喜爱。它以其独特的魅力和价值，为特定的群体和成员提供着精神滋养和文化认同。非主流文化的传播力度虽然较小，但其辐射范围却不容忽视。其对特定的群体和成员具有深远的教化作用，能够引导这些群体和成员形成独特的文化观念和价值体系。同时，非主流文化也是文化创新的重要力量，其不断为文化的发展注入新的活力和元素。

（三）文化的功能

1. 认知功能

文化是人们在长期认识世界、改造世界的过程中形成并发展起来的宝贵财富。自然文化、科技文化、人文文化等，无不蕴含着对人类社会发展经验的深刻总结和智慧累积。这些文化知识如同一座座灯塔，照亮了人类前行的道路，帮助人们更好地认知和协调人与自然、人与社会、人与自身的关系。通过文化，人们得以理解世界的多样性、掌握自然的规律、领悟生命的真谛，从而在不断地探索与实践中实现自我提升和社会进步。

2. 识别功能

一个国家的文化与历史紧密相连，如同一面镜子，映照出国家特色的群体共性。在不同的文化背景下，价值观念、思维方式、规范制度、传统习俗、语言文字等都有着显著的差别，这些差别为识别不同国家提供了重要的参考。文化成为了一种身份认同的标志，通过文化能够清晰地认识到自己所属的群体和传承的历史。正是这种独特的文化标识，每个国家在世界文化的大家庭中才能独树一帜，展现出丰富多样的文化风貌。

3. 传承功能

传承是文化的一项重要功能，其使得文化能够跨越时空的界限，代代相传、生生不息。中华文化历经五千年未曾断流，正是得益于文化的传承与创新。文字、语言、文物、建筑、风俗等各种符号和载体，以及文学、哲学、自然科学等学科的不断发展，都为文化的传承提供了丰富的土壤。同时，文化还具有引领功能，其作为一种精神力量，对经济的发展产生着推动的作用。适应时代发展的文化，能够加速社会发展进程，指明社会发展方向，不仅能为国家的发展进步注入强大的动力，也能引领个人成长进步。

4．教化功能

文化的本质是观念形态，属于上层建筑的范畴，对人和社会具有深远的教化功能。文化代代传承，其中固有的价值观念、道德情操、科学知识等，都是对个人和社会进行教化的重要资源。通过家庭教育、学校教育、社会宣传、社会示范等文化手段，个人行为得以规范，社会共识得以凝聚。文化教化不仅塑造了个体的品格和素养，还培育了社会的共同价值观和道德准则。正是这种教化功能，使得文化成为推动个人成长和社会进步的重要力量。

（四）文化的特征

1．时代性

文化的时代性，如同历史长河中不断翻涌的浪花，每一朵都承载着特定时代的印记。文化作为人类活动的产物，不仅反映了社会发展的阶段特征，更是在传承与变异中展现出勃勃生机。从远古的石器时代到如今的信息时代，每一次生产力的飞跃都伴随着文化的深刻变革。文化的传承性，如同血脉般流淌在每一代人的心中，延续着古老的智慧与价值观。同时，文化的变异性则如同催化剂，不断推动着文化在新时代的土壤中生根发芽，绽放出新的光彩。正是这种传承与变异的双重奏，让人类文化在历史的洪流中既保持了连续性，又实现了创新与发展。

2．同一性

文化的同一性，根植于人类活动的社会性本质，体现在超自然性与超个体性的双重维度。超自然性，意味着文化是人类对自然界的超越与改造，是将自然物赋予人文意义的过程。无论是将日月星辰人格化的神话，还是在山川河流上刻下的诗词歌赋，都是人类心智对自然的深刻烙印，展现了文化的独特魅力。而超个体性，则强调了文化作为社会共识的存在，超越了个人界限，成为群体共享的精神财富。从饮食习惯到社会习俗，从艺术审美到道德规范，文化无所不在地影响着每一位社会成员，塑造着共同的价值观念与行为模式。这种超自然与超个体的共鸣，使得文化成为连接过去与未来、个体与社会的桥梁，让人类社会在多元共融中不断前行。

3. 继承性

文化并非完全由生产力和生产关系所决定的，而是展现出一种相对独立的存在状态。这种独立性源于文化强大的继承性，使得文化能够在一定程度上脱离经济发展，独立前行。一旦某种文化观念形成，便会在人们心中留下深刻的烙印，成为一种难以忽视的文化历史惯性。这种惯性不仅影响着人们的思想和行为，也塑造着社会的整体风貌。无论身处哪个时代，思想文化都无法割裂与过去的联系。人们总是在既定的、从过去承继下来的文化环境中进行创造，这意味着生活无时无刻都在受到整个文化环境的影响。人们通过口口相传、书籍文字等形式，从祖先那里学习哲学、艺术、技艺等宝贵遗产，并在学习的基础上融入自身的思考和创新，使传统的东西焕发出新的生机。这种对传统文化的继承和创新，不仅丰富了个人精神世界，也为个人未来的发展奠定了坚实基础。

4. 创新性

（1）从传承到超越

文化，作为一个活生生的灵魂体，不仅包容了既定的文化成果，更蕴含了创造文化的动态过程。它并非凝固或者固化的，而是随着时代的变迁和实践活动的演变不断补充和创新。这种创新，从根本上说，是生产力进步和社会发展的必然产物。正如马克思主义唯物史观所阐述的，物质生活的生产方式深刻制约着整个社会生活的各个方面，包括精神生活。因此，当经济发展方式发生转变，社会历史迈进新的阶段，社会的个体成员会以全新的方式面对环境，很少有人认为传统文化是尽善尽美的。于是，那些继承并依赖传统文化的人们，会结合时代发展的特征和群众的精神文化需求，对传统文化进行补充和完善，从而实现文化传统的转化和创新。这种转化和创新往往以渐进的方式发生在文化传统的各个组成部分之中。文化的创新性不仅缘于其内在的动力，还受到外部条件的影响。一方面，文化的沟通交往起到了重要作用。这既包括同一种文化内部不同文化形态之间的交流，也涉及不同文化传统之间的比较。通过地域文化的比较交流，文化的形成和发展得到了丰富和推动。另一方面，文化的冲突和碰撞也是推动文化创新的重要因素。它打破了旧的文化结构，使文化在吐故纳新的基础上进行新的整合，甚至在外来冲击下发生文化的突变。

（2）在创新中坚守与融合，保持文化主体性

面对文化的创新性发展时必须认识到，能够有力打破原有文化结构并推动其前进的，往往是代表着先进生产力、符合时代特征的先进文化。然而，在接纳和吸收外来先进文化的过程中，不能盲目地照搬照抄，必须保持文化的主体性。在文化的创新过程中，应该坚持一种开放而包容的态度，积极吸纳其他文化的有益成分，为文化的发展注入新的活力和动力。同时，也要保持警惕，确保在融合的过程中不失去自我、不丧失文化的独特性和主体性。这就要求人们在创新中坚守、在坚守中创新，实现传统与现代的有机融合、本土与外来的合理借鉴。

（五）文化对人的影响

文化，这一人类智慧的结晶，既由人创造，又深刻地反作用于人的成长与塑造。它如同细雨，润物无声，悄然渗透于每个人的生活之中。无论是周遭的文化氛围，还是亲身参与的文化活动，都在无形中塑造着我们的思想与行为。人的社会化历程，实则是文化浸润与内化的过程，从懵懂无知的生物个体，逐渐成长为承载丰富文化内涵的文化人。在这一路上，前辈的言传身教、社会的规范引导，都是文化观念的传递与强化。而教育作为文化传承的重要途径，不仅在于传授知识，更在于心灵的启迪与品德的熏陶。每一次学习经历，每一场文化活动，都是一次心灵的洗礼，让人们在文化的海洋中汲取养分，不断成长。文化以其独有的力量，塑造着个体的行为举止、交往方式，乃至深层次的思维逻辑与价值取向。它影响着人们的认知框架，引导着人们的实践行动，使其在面对世界时，拥有独特的视角与态度。因此，在某种意义上，人们的存在方式、思考模式乃至价值追求，都深深烙印着文化的痕迹。文化以其博大精深的力量，塑造着人类社会的多样性与丰富性，让每一个生命都在其独特的文化脉络中绽放出光彩。

二、传统文化

（一）传统文化的基本特征

1. 革新性

中华传统文化在人类历史的长河中，经历了千年的风雨坎坷，未曾断绝，展现出其强劲的生命力和自我革新的能力。这种文化的延续并非静态的保守，而是在社会变化和发展中，通过主动吸收各个时代的优秀元素，不断丰富和提升自身的内容，实现自我更新和自我完善。从古代文明的萌芽与探究，到当代文化的实践与创新，中华传统文化随着历史的更替，逐步革新和发展，这是一个不断更新、进步、焕发新生的过程。中华传统文化的发展过程是一个不断变革与转化的过程，并非一成不变的，而是始终保持着一种开放和包容的态度，积极吸纳新的思想和观念。这种强烈的自我革新精神，使得中华传统文化能够不断适应时代和社会发展的需要，始终保持其活力和魅力。这种革新精神不仅体现在文化的传承和发展上，更为当代社会的发展提供了有益的借鉴。

2. 传承性

中华传统文化的传承性是指这一文化是一代又一代中华儿女用智慧凝聚而成的宝贵遗产。这种传承并非一蹴而就、毫不费力，而是历经时间的淬炼和历史的沉淀，才保留至今。在历史上，从不缺乏文明的创造者，但并非所有的文明都能跨越历史的长河，深刻地影响一代又一代的人。正是中华传统文化的传承性，传统思想、传统文学、传统习俗等文化才得以百花齐放、代代相传。这种传承性不仅体现在文化的物质形态上，如古籍、文物、建筑等，更体现在文化的精神内涵上，如价值观念、思维方式、审美情趣等。正是这种传承性，中华传统文化才能够在世界中始终保持自身的文化特色。它不仅是连接过去与未来的桥梁，更是中华文化身份和文化自信的重要支撑。传承和弘扬中华优秀传统文化，可以更好地认识和理解自己的文化根源，增强对文化的认同感和自豪感。

（二）传统文化的表现形式

中国传统文化博大精深，经过数千年的洗礼，展现出其独特的艺术魅力，是我国古代劳动人民集体智慧的结晶，具有良好的传承性。其表现形式多样、题材丰富、风格各异，蕴含着深厚的文化内涵，具有很高的艺术价值和学术价值。中国传统文化可以被概括为物化的存在形式，这种物化形式包括物质形态方面的和非物质形态方面的。物质形态元素具有可见性，看得见、摸得着，容易被周围环境所改变。但是，非物质形态元素不好改变，因为非物质形态元素本身带有浓厚的文化传承特点，往往是文学等精神方面的。随着我国科技的进步和经济的快速发展，文化、文学等精神方面的知识越来越重要，非物质形态元素也越来越重要。中国传统文化表现形式如表 1-1 所示。

表 1-1　中国传统文化表现形式

中国传统文化	非物质形态	中国传统文学	唐诗宋词、小说、戏曲散文等
	物质形态	建筑及景观元素	宫殿、古塔、民居、牌坊、亭、台、楼、阁、园林等
		生活器物	彩陶、瓷器、紫砂、红灯笼、桃花扇、青铜器等
		图案纹样	龙凤纹样（饕餮纹、如意纹、雷文、回纹、巴纹）、祥云图案、吉祥图案等
		民俗	皮影、剪纸、京戏脸谱、年画、对联、门神、鞭炮、饺子、舞狮、武术等
		手工艺	玉雕、刺绣、木刻年画等
		书法与绘画元素	国画（工笔、写意、花鸟、人物、山水）、敦煌壁画、篆刻印章、甲骨文等
		服饰元素	汉服、唐装、旗袍等
		中国色彩	中国红、妃红、月白、雪青、海棠红等
		其他元素	梅、兰、竹、菊等

（三）传统文化的主要内容

1. 哲学思想

哲学，作为文化的精髓，其探讨的核心问题——世界观、价值观与思维方式，在中国传统哲学中得到了深刻的体现与阐发。关于万物起源的探究，古代哲人虽用词各异，但普遍指向物质的形态作为本源。特别是宋明理学时期，张载、王夫之等思想家明确提出"气"为物质之本源，认为"气"即便脱离人体，亦存在于世间。同时，"太极""五行"生成万物等学说，亦主张现实世界以物质形态为基础。在思维方式层面，中国传统哲学展现出独特的"五重"特征：和谐、整体、直觉、关系与实用。和谐，即追求世间万物的和平共处，体现了对宇宙秩序的深刻理解与向往。整体，则强调从大局出发审视万物，把握事物的整体联系与发展趋势。直觉，作为中国传统哲学中的重要思维方式，包含体道、尽心、体物三种路径，既有老子、庄子对万物本源之道的直接感悟，带有神秘主义色彩；也有孟子、程颢、陆九渊的反求诸己，强调自省与内在体悟；更有程颐、朱熹所倡导的"即物而穷其理"，通过对外物的细致观察与深入辨析，达到顿悟式的直觉理解。关系，则是指世间万物普遍联系、相互作用，构成一个复杂而有序的整体。实用，则是指中国传统哲学的重要价值取向，哲学家们所探讨的问题往往与现实生活紧密相连，注重理论的实践应用与实效性。在这五大思维方式的深刻影响下，中国古代社会实现了长期的稳定发展，并在农业、医学等应用科学领域取得了举世瞩目的成就。时至今日，这些思维方式对于构建和谐社会、加强顶层设计以及推动科学技术的发展，仍具有不可忽视的启示意义与价值。

2. 人文精神

人文精神是人类对自己的深刻关切，我国古代思想中包含着深厚的人文精神，主要体现在对人的地位、作用的肯定以及对人的理想人格塑造上。在人的地位上，如荀子将人与水火、草木、动物进行对比，认为在六合天地间，人具有特殊的作用，是最为可贵的。在人的作用上，人具有主观能动性，能够"赞天地之化育"，与天地"相参"。在人的理想人格塑造上，虽然古人有"敬畏上天"的精神信仰，但对天并不是盲目迷信，而是顺应自然为人类所用。荀子所说的"制天命而用之"就是这个意思。另外，由于人是天地化生的最高物种，能够以此充分实现自己的天性，进而帮助万物淋漓尽致地展现禀赋，从而自立于天地之间。

第二节　传统文化的核心价值观

一、仁爱之心是传统文化的道德基石

（一）仁爱之心是传统文化的道德起点

1. 仁爱之心是道德的基石

在中国传统文化中，仁爱之心被赋予了极高的地位，被视为道德的起点和基石。这一观念源于古代圣贤的教诲，仁爱之心不仅仅是一种对他人的关怀和同情，更是一种深刻的道德责任感和使命感。它要求个体在面对他人和社会时，始终保持一颗仁爱之心，以道德关怀和责任感来指导自己的行为。仁爱的本质在于"推己及人"，即将自己对亲人的爱推及更广泛的社会成员身上。这种爱并非狭隘的、自私的，而是无私的、博爱的。它要求在面对他人时，能够设身处地地理解他们的需求和感受，以同情和关怀之心去帮助他人。

2. 仁爱之心的历史渊源

早在先秦时期，古代圣贤就提出了"仁爱"的观念，强调"仁者爱人"的道德原则。这一原则在后世得到了广泛的传承和发展，成为了中国传统文化中不可或缺的一部分。古代圣贤通过言行教诲、文学作品等多种形式，不断强调仁爱之心的重要性和价值，使其成为了传统文化的精神支柱。例如，孔子在《论语》中提出了"己所不欲，勿施于人"的道德准则，强调了对他人的尊重和关怀。孟子则进一步发挥了这一思想，提出了"老吾老以及人之老，幼吾幼以及人之幼"的观点，呼吁人们将对自己亲人的爱推广到全社会成员身上。这些古代圣贤的教诲，为仁爱之心的传承和发展奠定了坚实的基础。

（二）仁爱有助于促进个人成长

1. 仁爱塑造个人内在品质

仁爱之心，如同春日的暖阳，温暖而明媚，它悄然无声地渗透进每一个拥有它的心灵，为其注入无尽的能量与智慧。在个人成长的道路上，仁爱扮演着塑造者的角色，如一位智者，用智慧的光芒照亮前行的道路，引导个体走向成熟与稳重。在人际交往中，个体难免会遇到各种矛盾和冲突。面对这些挑战，仁爱之心让我们学会站在对方的角度思考问题，理解并接纳不同的观点和立场。这种宽容的心态，不仅有助于化解矛盾，还能使我们更加客观地看待自己，发现自己的不足并加以改进。而且，当个体心怀仁爱时，会更加关注他人的需要，愿意为他人付出。这种付出不是单向的，而是双向的，它让个体在帮助他人的同时，也感受到自身的价值和意义。这种责任感促使个体更加努力地学习和工作，以提升自己的能力和素质，从而为社会做出更大的贡献。此外，仁爱还能培养个体的同理心。当个体看到他人遭受困难时，仁爱之心会让个体感同身受，产生强烈的同情和怜悯之情。这种同理心让个体更加关注他人，积极参与公益事业，用自己的力量为改变世界做出贡献。

2. 仁爱提供个人成长的外部支持

仁爱不仅塑造着个体的内在品质，还为个体提供着成长的外部支持。这种支持既来自于个体身边的人，也来自于个体所处的社会环境。在家庭中，仁爱之心让个体感受到亲情的温暖和力量。父母的关爱、兄弟姐妹的陪伴，都是个体成长道路上最坚实的后盾，在个体遭遇挫折时给予其鼓励和支持，在个体取得成就时为其欢呼和骄傲。这种亲情的滋养让我们更加自信、勇敢地面对生活的挑战。

同时，仁爱也让个体更加关注社会问题和弱势群体，积极参与公益事业和志愿服务活动。这些经历不仅丰富了个体的人生阅历，还提升了个体的社会责任感和公民意识。

3. 仁爱之心与个人成长

仁爱之心在个人成长方面也具有重要作用。培养仁爱之心可以使人更加关注他人的幸福和利益，从而培养出更加宽容、善良和有爱心的品质。这种品质不仅能够使人在人际交往中更加得心应手，还能够使人在面对困难和挑战时保持积极的心态和坚定的信念。同时，仁爱之心还能够激发人的创造力和创新精神。一个具有仁爱之心的人，会更加关注社会的需求和问题，积极寻找解决问题的途径和方法。这种创造力和创新精神不仅能够推动个人的成长和发展，还能够为社会带来更多的福祉。

二、诚信之道是传统文化的行为准则

（一）诚信概述

1. 言行一致的道德要求

诚信在中国传统文化中，被视为一种重要的行为准则，其首要内涵便是言行一致。这一要求意味着人们在日常生活中，无论面对何种情境，都应保持言语与行动的高度一致。诚信的人，其言语应当真实可信，不夸大、不虚构；其行动应当坚定果敢，不推诿、不逃避。这种言行一致的道德要求，不仅体现了个人对自身的严格要求，也彰显了对他人和社会的尊重与负责。诚信不仅要求人们在日常生活中做到诚实守信，更要求人们在面对重大决策和选择时，能够坚守诚信的底线。在关键时刻，诚信的人能够坚守自己的信仰和原则，不为外界的诱惑所动摇、不为个人的私利所驱使。这种坚定的诚信品质，是人们在面对困难和挑战时，能够保持清醒头脑、做出正确决策的重要保障。

2. 道德责任的承担

诚信不仅要求人们在言行上保持一致，更要求人们在道德上承担起应负的责任。这种道德责任包括对自己的言行负责，对他人和社会负责。在传统文化中，诚信被视为一种基本的道德品质和行为规范，要求人们在言语和行动上始终保持高度的道德自觉性和责任感。对于自己的言行，诚信的人能够始终保持清醒的头脑和坚定的信念，不轻易做出违背自己信仰和原则的事情。同时，他们也能够对自己的言行进行深刻的反思和总结，及时纠正自己的错误弥补不足。这种对自身的严格要求和高度的道德责任感，是诚信品质的重要体现。而对于他人和社会，诚信的人同样承担着重要的道德责任，能够以诚信为本，积极履行自己的社会职责和义务，为他人和社会做出贡献。在面对他人的困难和需要时，能够伸出援手、提供帮助。这种对他人和社会的责任感和使命感，是诚信品质在社会层面上的重要体现。

（二）诚信有助于促进个人发展

1. 诚信是促进个人发展的重要因素

诚信在个人层面具有重要的价值，能够赢得他人的信任和尊重。一个诚实守信的人往往能够赢得他人的信任和尊重，能更快建立良好的人际关系和社交网络。这种人际关系和社交网络能够为个人的事业和生活带来更多的机遇和成功。而且，在商业活动中，诚信是企业和个人成功的重要因素之一。一个具有良好声誉和信誉的企业或个人往往能够获得更多的合作伙伴和客户支持，从而在激烈的市场竞争中脱颖而出。并且，诚信能够促进个人的成长和进步。一个诚实守信的人往往能够保持清醒的头脑、做出正确的决策，并在不断地学习和实践中成长和进步。

2. 诚信是个人成长的坚固基石

在人生的长河中，诚信如同一盏明灯，照亮着个人发展的道路，为个人的成长与进步铺设了坚实的基石。诚信是个人品德修养的重要体现，不仅是社会交往中的基本准则，更是个人内心世界的真实映照。一个诚信的人，能够言行一致、表里如一，这种品质在人际交往中极具吸引力，能够赢得他人的信任与尊重。在职场上，诚信的员工更容易获得同事的认可与上司的信赖，从而获得更多的发展机会；不会因为一时的利益而背弃承诺，而是坚持原则、勇于担当，这种责任感与使命感正是推动个人职业生涯不断攀升的关键。此外，诚信还能帮助个人建立良好的声誉，为个人的长远发展奠定坚实的基础。

3. 诚信是激发潜能的催化剂

诚信不仅是个人品德的试金石，更是激发个人潜能、促进自我超越的强大动力。当一个人选择以诚信作为自己的行为准则时，实际上是在对自己提出更高的要求，这种自我驱动的力量能够促使他不断挑战自我、突破极限。在追求目标的过程中，诚信的人不会选择捷径或欺骗手段，而是脚踏实地，一步一个脚印地前行。这种踏实的态度不仅让个体能够稳步前进，更能够让个体在遇到困难时保持坚韧不拔的精神，因为深知只有通过自己的努力与汗水换来的成果才是最真实、最有价值的。同时，诚信还能激发个人的创造力与创新能力。在诚信的驱动下，人们更倾向于探索未知领域，寻求更加公正、合理的解决方案，这种不断探索的精神正是推动社会进步与个人成长的重要力量。因此，可以说诚信是个人潜能的催化剂，能够点燃内心的火焰，让个人在追求卓越的道路上不断前行。

三、自强不息是传统文化的奋斗精神

自强不息有助于激发个人潜能，具体表现在以下几点。

1. 全面激发个人潜能

自强不息的奋斗精神对于个人来说具有重要的价值，能够激发个人的潜能和创造力，帮助个人实现自我超越和成长。在自强不息的精神激励下，个体会不断地挑战自己的极限，尝试新的事物，接受新的挑战。这种挑战不仅能够提升个人的能力和技能，还能够培养个人的意志力和毅力。通过不断的奋斗和进步，个人会不断地发现自己的潜力和可能性，实现自我价值的最大化。

2. 自强不息激发内在动力，驱动潜能的觉醒

在每个人的身体里，都蕴藏着无尽的潜能。而这些潜能并非时刻都处于活跃状态，需要一种力量去唤醒、去激发。这种力量，正是自强不息的精神。当我们面对困难、挑战和逆境时，自强不息的精神如同一把钥匙，打开了个体的潜能之门。自强不息的人，往往拥有坚定的信念和顽强的毅力，深知只有通过不断的努力和奋斗，才能实现自我价值、激发内在潜能。因此，个体不会因一时的失败而气馁，也不会因短暂的挫折而退缩。相反，个体会将这些困难视为成长的垫脚石，用坚忍的意志去克服它们，通过不懈的努力取得成功。在这个过程中，自强不息的精神不仅驱动了个人潜能的觉醒，更让个体在克服困难的过程中不断超越自我，实现自我价值的最大化。这种超越不仅体现在能力的提升上，更体现在精神层面的升华和蜕变。正如古人所言："天将降大任于斯人也，必先苦其心志，劳其筋骨，饿其体肤，空乏其身，行拂乱其所为，所以动心忍性，曾益其所不能。"自强不息的人，正是通过不断的努力和奋斗，让自身潜能得到了充分的挖掘和发挥。

3. 自强不息塑造坚韧品格，保障潜能的持续发挥

自强不息的精神不仅有助于激发个体潜能的觉醒，更有助于塑造坚韧不拔的品格，保障潜能的持续发挥。在人生的道路上，个体难免会遇到各种挫折和困难。这些挫折和困难往往会让个体感到疲惫、沮丧甚至想要放弃。而正是自强不息的精神让个体能够坚定信念、勇往直前。自强不息的人，拥有坚韧不拔的品格，深知成功不是一蹴而就的，而是需要长期的努力和坚持。因此，个体会在遭遇困难时保持冷静和理智，用坚定的信念和顽强的毅力去克服。这种坚韧不拔的品格不仅让他们能够在逆境中保持冷静和理智，更让个体在面对挑战时更加从容和自信。此外，自强不息的精神还能够帮助个体不断学习和成长。在人生的道路上，个体会遇到各种各样的人和事。这些人和事会给个体带来不同的启示和教诲。自强不息的人会善于从中学习和汲取营养，不断完善自己的知识体系和能力结构。这种不断学习和成长的精神让个体能够保持对知识的渴望和对生活的热爱，从而不断激发自身潜能。

第三节 传统文化对当代社会的影响

一、社会价值观的塑造

（一）传统美德的弘扬

1. 诚信是商业与社会的基础

传统美德如诚信、友善、勤奋等，其内涵和价值在历经千年的沉淀后，仍然熠熠生辉，对当代社会产生了深远的影响。诚信，作为传统美德的核心之一，其在当代社会的价值不可估量。在商业领域，诚信经营已成为企业生存和发展的基石。企业只有坚守诚信原则，才能在激烈的市场竞争中立于不败之地。诚信经营不仅体现在商品的质量和服务上，更体现在企业的经营理念和行为准则中。那些坚守诚信的企业，往往能够赢得消费者的信任和支持，

从而取得长远的成功。而在社会层面，诚信同样发挥着举足轻重的作用。人与人之间的交往，需要建立在诚信的基础上。只有彼此信任，才能形成和谐的人际关系。在社会治理中，相关部门也需要坚守诚信原则，才能赢得民众的信任和支持。相关部门的决策和行为只有保持一致性和稳定性，才能维护社会的稳定和繁荣。

2. 友善是人际交往的润滑剂

在人际交往中，友善待人、互帮互助已成为社会风尚。友善不仅体现在言语的温和和礼貌上，更体现在对他人的关心和帮助上。一个友善的人，往往能够赢得他人的喜爱和尊重，从而形成良好的人际关系。而且，在快节奏的生活中，人们往往容易感到孤独和焦虑，而友善的关怀和帮助，就像一缕阳光，能够照亮人们的心灵、带来温暖和力量。友善不仅有助于个人的心理健康，更有助于社会的和谐稳定。一个充满友善的社会，往往能够减少冲突和矛盾，形成和谐的人际关系。

3. 勤奋是个人与社会的动力源泉

勤奋作为传统美德之一，其在当代社会的价值不可忽视。对于个人而言，勤奋是成功的基石，只有付出辛勤的努力和汗水，才能收获成功的喜悦和成果。勤奋不仅体现在工作上，更体现在学习和生活的各个方面。一个勤奋的人，往往能够不断提升自己的能力和素质，从而实现个人的价值和梦想。而且，对于社会而言，勤奋是推动社会进步和发展的重要动力。勤奋的社会氛围往往能够激发人们的积极性和创造力，创造出更多的物质财富和精神财富，推动社会的进步创新和繁荣发展。

4. 传统美德的弘扬与现代社会的发展

传统美德的弘扬不仅是对历史的传承，更是对现代文明的重要补充。在当代社会，传统美德的弘扬有助于构建和谐社会，提升人们的道德水平。同时，传统美德也能够与现代文明相结合，形成具有时代特色的新道德风尚。例如，诚信原则可以与现代市场经济相结合，形成诚信经营的市场环境；友善观念可以与现代社交礼仪相结合，形成友善待人的社会风尚；勤奋精神可以与现代创新精神相结合，形成勤奋进取的社会氛围。这些传统美德与现代文明的结合，不仅有助于推动社会的发展和进步，也有助于提升人们的道德水平和文化素养。

（二）礼仪文化的传承

1. 家庭教育是礼仪文化的启蒙与根基

（1）父母的言传身教

父母，作为孩子生命中的第一任老师，其言行举止在孩子心中播下了礼仪文化的种子。在日常生活中，父母通过言传身教，将礼仪的精髓传递给下一代。他们不仅用言语教导孩子要尊敬长辈、讲究卫生、待人接物有礼貌，更通过自己的实际行动示范给孩子看。父母对待家中老人的敬重、处理日常琐事的细致、与人交往的谦逊有礼，都在无形中塑造着孩子的品格。这种潜移默化的影响，使孩子在模仿中逐渐领悟礼仪的真谛，形成稳固的礼仪观念。父母的言传身教，不仅体现在日常生活的点滴中，更会在关键时刻展现其力量。当孩子在社交场合初次接触礼仪规范时，父母的示范和引导将成为他们最坚实的后盾。通过父母的身体力行，孩子学会了如何在不同的情境中恰当地表达自己的情感和态度，如何与他人建立良好的人际关系。这些经验和技能将伴随孩子一生，成为其人生道路上宝贵的财富。

（2）家庭氛围的营造

一个充满爱与尊重的家庭环境，是孩子学习礼仪文化的最佳场所。在这样的环境中，孩子能够感受到礼仪的魅力和价值，从而自觉地将礼仪融入日常生活中。家庭成员之间的相互关心、理解和支持，是营造良好家庭氛围的关键。父母之间的和睦相处、互相尊重，能够让孩子学会如何与他人和谐相处；父母对孩子的关爱和包容，能够让孩子感受到温暖和安全感，从而更加自信地面对生活中的挑战。同时，家庭还可以通过制定家规家训等方式，进一步强化礼仪文化的传承。家规家训是家庭文化的重要组成部分，不仅规范了家庭成员的行为举止，更传递了家族的价值观和信仰。通过遵守家规家训，孩子能够逐渐形成良好的行为习惯和道德品质，为未来的成长打下坚实的基础。此外，家庭氛围的营造还需要注重细节。例如，在餐桌上，父母可以引导孩子注意用餐礼仪，如等待长辈入座、不浪费食物等；在与人交往中，父母可以鼓励孩子主动问好、分享快乐等。这些细节处的培养，让孩子在不知不觉中形成对礼仪文化的认同和尊重。

（3）经典著作的引导

在浩渺的历史长河中，家庭教育始终扮演着塑造人格、传承文化的重要角色。而在这传承的脉络中，经典著作如同一盏盏明灯，照亮了礼仪文化的启蒙之路，也为孩子们的成长奠定了坚实的根基。当孩子们还在蹒跚学步之时，家长便开始向其传授生活的点滴，这其中自然少不了礼仪的熏陶。《礼记》《周礼》等古代经典著作，不仅仅是古代社会礼仪制度的记录，更是中华民族数千年文化积淀的瑰宝。这些典籍中，蕴含了古人对于礼仪的敬畏与追求，对于和谐社会的向往与探索。家长在引导孩子阅读这些经典著作时，不仅是在传授知识，更是在传递一种精神，是一种对于礼仪文化的尊重和传承。孩子在家长的陪伴下，逐渐领悟到礼仪文化的博大精深，感受到其中蕴含的哲理与智慧，明白礼仪不仅仅是一种形式，更是一种内心的修养和对他人的尊重。这种对礼仪文化的认同感和自豪感，将伴随孩子一生，成为孩子人生道路上的宝贵财富。随着孩子的成长，孩子对礼仪文化的理解也日益深刻，会在日常生活中，将这些经典著作中的礼仪规范付诸实践，从而形成良好的行为习惯和道德品质。而这种良好的行为习惯和道德品质，又将反过来影响他们的家庭和社会生活，促进家庭和谐、社会进步。因此，家庭教育中的经典著作引导，不仅是对孩子知识的传授，更是对他们心灵的滋养和品格的塑造。它让孩子在成长过程中，不断汲取传统文化的精髓，形成正确的人生观和价值观。而这种人生观和价值观，将引领其走向更加美好的未来，为传统文化的传承和发展贡献自己的力量。

2. 礼仪文化在当代社会的价值

在当今这个快节奏、高互动的社会环境中，礼仪文化不仅未显过时，反而越发凸显其不可替代的价值。礼仪文化作为社会行为的规范框架，有效引导人们在各种场合下展现出得体、文雅的风貌。在商务洽谈中，恰当的礼仪能够展现专业素养与尊重，促进合作的顺利进行；在社交聚会上，遵循礼仪规范则能增进人际间的和谐与理解、减少误解与冲突。礼仪不仅是个人修养的体现，更是社会文明进步的标志。一个礼仪之邦，其公民的行为举止往往更加文明，社会秩序更为井然，从而营造出一种积极向上的社会风气。此外，礼仪文化还承载着传承与弘扬优秀传统文化的重要使命。通过学习和实践礼仪，人们能够更深入地了解文化与精神内涵。因此，礼仪文化在当代社会不仅是个人修养的必修课，更是推动社会文明进步与和谐的重要力量。

3. 礼仪文化的传承与创新

传承，意味着对传统礼仪文化的尊重与继承。作为最为宝贵的文化遗产，传统礼仪文化蕴含着丰富的历史智慧与人文精神，需要通过教育、宣传等多种途径，让更多的人了解和学习，让其在现代社会中焕发新的生机与活力。同时，也需要认识到，礼仪文化并非一成不变，而是随着社会的发展不断演进。因此，在传承的基础上进行创新与发展同样至关重要。新时代的礼仪文化应当更加符合现代社会的实际需求，既要保留传统礼仪中的精华部分，又要剔除那些与时代精神不符的糟粕。同时，还可以利用现代科技手段，如互联网、移动媒体等，创新礼仪文化的传播方式，使其更加贴近人们的日常生活，提高礼仪文化的普及度和影响力。总之，礼仪文化的传承与创新是一个相辅相成的过程，只有在传承中创新、在创新中传承，才能让礼仪文化在新时代焕发出更加绚丽的光彩。

二、经济发展的推动

（一）传统文化产业的崛起

1. 文化旅游产业的兴盛与发展

随着现代化的推进，传统文化在现代社会中的地位和价值日益凸显，人们对传统文化的兴趣和需求不断增长，这为传统文化产业的崛起提供了广阔的空间和更多的机遇。传统文化产业不仅涵盖了文化旅游、文化创意、文化演艺等多个领域，还通过创新和发展，为人们提供了丰富多彩的文化产品和服务，同时推动了经济的持续繁荣。而且，文化旅游作为传统文化产业的重要组成部分，近年来呈现出蓬勃发展的态势。各地纷纷依托自身的历史文化资源，开发具有地方特色的文化旅游项目，吸引了大量游客前来观光游览。这些文化旅游项目不仅展示了当地的历史文化遗产，还让游客在游览过程中体验到了传统文化的独特魅力。例如，一些历史悠久的古城、古镇和古村落，通过修复和保护古建筑、挖掘和传承民俗文化，打造出了独具特色的文化旅游品牌。游客在这些地方可以欣赏到当地传统的建筑，品尝到地道的美食，参与到丰富多彩的民俗活动中，感受到浓厚的历史文化氛围。这种深度的文化旅游体验不仅满足了游客对传统文化的探寻需求，也带动了当地经济的繁荣和发展。

2. 文化创意产业的创新与突破

文化创意产业是传统文化与现代科技、市场需求相结合的产物，它以传统文化为基础，通过创意设计和科技创新，打造出具有独特魅力的文化产品和服务。这些产品和服务不仅满足了人们对美好生活的向往和追求，也推动了文化创意产业的快速发展。在文化创意产业中，传统元素与现代设计的结合成为了一种趋势。设计师们从传统文化中汲取灵感，将其融入现代产品的设计中，创造出既具有传统文化韵味又符合现代审美需求的产品。这些产品不仅在国内市场上受到欢迎，还在国际市场上展示出中国传统文化的独特魅力。

3. 文化演艺产业的多元化

文化演艺产业是传统文化产业中最为活跃和多元化的领域之一，它以传统戏曲、音乐、舞蹈等艺术形式为基础，通过现代化的演艺手段和传播方式，将传统文化以更加生动、形象的方式呈现给观众。近年来，文化演艺产业在保持传统艺术精髓的同时，不断创新和尝试。一方面，它通过对传统戏曲、音乐、舞蹈等艺术形式的改编和再创作，使其更加符合现代观众的审美需求；另一方面，它积极借鉴国际先进的演艺技术和理念，提升演艺作品的制作水平和观赏效果。这些努力不仅让传统文化演艺作品在国内市场上焕发出新的生机和活力，还让它们在国际舞台上展现出中国传统文化的独特魅力。

（二）传统文化品牌的打造

1. 传统文化元素在品牌设计中的运用

在当代社会，品牌竞争已经成为企业竞争的核心。为了在激烈的市场竞争中脱颖而出，许多企业开始注重传统文化元素的运用和挖掘，通过打造具有传统文化特色的品牌来增强自身的竞争力和市场影响力。这些传统文化品牌不仅具有独特的文化内涵和美学价值，还赢得了消费者的青睐。传统文化元素是打造传统文化品牌的重要基础，这些元素包括传统图案、色彩、符号、文字等，它们蕴含着丰富的文化内涵和美学价值。在品牌设计中，企业可以巧妙地运用这些传统文化元素，使品牌具有独特的传统文化气息。例如，一些企业在产品包装设计中运用了传统图案和色彩，使其具有浓厚的文化韵味。这种设计不仅提升了产品的附加值和市场竞争力，还让消费者在使用过程中感受到传统文化的独特魅力。此外，一些企业还通过挖掘传统故事、传说等文化资源，将其融入品牌故事中，增强了品牌的情感共鸣和文化认同感。

2. 传统文化理念在品牌传播中的体现

除了品牌设计外，传统文化理念在品牌传播中也扮演着重要的角色。这些理念包括诚信、仁爱、礼仪等，它们是中国传统文化的核心价值观。在品牌传播过程中，企业可以通过传递这些传统文化理念来增强品牌的文化内涵和社会责任感。例如，一些企业在广告宣传中注重传递诚信、仁爱等传统文化理念，让消费者在了解产品的同时感受到了企业的社会责任感和人文关怀。这种传播方式不仅提升了品牌的知名度和美誉度，还增强了消费者对品牌的信任和忠诚度。此外，一些企业还通过参与社会公益、推广传统文化等方式来践行传统文化理念，进一步提升了品牌的社会形象和市场影响力。

第二章 可持续发展意识的本体解读

第一节 可持续发展意识相关概念辨析

一、可持续发展意识的基本概念

（一）可持续发展意识的定义

1. 可持续发展意识的含义

可持续意识（Sustainable Development Awareness）作为一种深刻的社会思想和理论，它凝聚了人们对人与社会、自然环境与经济相互关系的深邃理解和关注。这种意识不仅仅是对环境问题的简单关注，更是对人类发展模式的全面反思和重新定位。它呼唤以一种更加全面、长远的视角来看待人类的活动和发展，以实现经济发展、社会进步和环境保护的和谐统一。人类作为社会发展的主体，其经济活动和生活方式直接影响着社会和自然环境的状况。而社会进步又为人类提供了更好的生活条件和发展空间，同时也对环境提出了更高的要求。自然环境作为人类生存和发展的基础，其健康状况直接影响到人类的生活质量和发展潜力。经济则是连接人、社会和自然环境的桥梁，是推动社会发展的重要力量。因此，可持续意识要求在追求经济发展的同时，必须充分考虑社会进步和环境保护的需要，确保三者之间的协调发展。而且，可持续发展意识的核心在于"可持续"和"长远性"。这意味着其发展不能仅仅追求眼前的经济利益，而忽视了对未来时代的影响，必须树立一种长远的发展观，不仅要满足当前时代的需求，还要为未来时代留下足够的生存和发展空间。这种长远性不仅体现在时间维度上，还体现在空间维度上；不仅要关注本地区的发展问题，而且还要注重本国的发展问题，积极参与到环境治理和合作当中。在可持续发展意识的指导下，需要转变传统的发展观念和发展模式。要摒弃那种以牺牲环境和资源为代价的粗放型发展方式，转向一种以创新驱动、绿色发展为核心的可持续发展方式。要加强科技创新和制度创新，推动绿色技术和绿色产业的发展，提高资源利用效率，减少环境污染和生态破坏。同时，还要加强国际合作和交流，共同应对全球性的环境问题，推动全球可持续发展的进程。

2. 可持续发展意识在行动中的体现

可持续发展意识不仅仅是一种理论上的构想，更需要在实践中得到体现和落实。在实践中，可持续发展意识体现在人们的行为选择和社会文化等多个方面。在行为选择上，可持续发展意识引导人们形成绿色、低碳、环保的生活方式。人们开始关注日常生活中的节能减排问题，如选择使用环保产品、减少一次性用品的使用、积极参与垃圾分类等，这些看似微小的行动，实则是对可持续理念的具体践行，也是对环境负责的表现。在社会文化方面，可持续发展意识推动了绿色文化的传播和发展。人们开始更加关注环境问题和社会责任问题，积极参与各种环保活动和社会公益活动。同时，各种绿色文化产品也层出不穷，如绿色电影、绿色音乐等，这些作品通过艺术的形式向公众传递了可持续发展的理念和价值观念。这种绿色文化的传播和发展，不仅增强了公众的环保意识、提高了参与度，也促进了社会文化的繁荣和发展。

（二）可持续发展意识的内涵

1. 思维维度

可持续发展意识在思维维度上要求人们摆脱长期以来的功利性思维定式，即那种仅从人类自身利益出发，过度强调经济利益而忽视自然环境的传统思维模式。在功利性思维模式下，人类往往将自身置于中心地位，以自我为中心去衡量和评估一切事物，导致了对自然环境的过度开发和破坏。可持续发展意识倡导的是一种整体性、系统性的思维方式，将人类、社会、经济纳入自然环境的框架中，作为一个统一整体进行综合考虑。这种思维方式强调人与自然之间的紧密联系和相互依存，要求人们认识到自然环境的重要性和脆弱性，从而采取更加谨慎和负责任的态度来对待自然环境。在实际中，这种思维方式要求在规划项目、开展经济活动等方面充分考虑自然环境的影响和承载能力，避免对自然环境造成不可逆的破坏。同时，还应该加强跨学科、跨领域的合作与交流，共同探索实现人与自然和谐共生的新途径和新方法。

2. 价值维度

在价值维度上，可持续发展意识强调在满足人类基本需求的同时，尊重自然规律、维护生态平衡、追求人与自然和谐共生的价值理念。这种价值理念是对传统发展观的深刻反思和超越，要求在追求经济增长的同时，更加注重环境保护和生态平衡。在实践中，这种价值理念要求树立绿色发展、低碳发展的理念，推动形成绿色生产方式和消费方式。应该加强环境保护和生态修复工作，促进生态系统的健康稳定。同时，还应该加强环境教育和宣传工作，提高公众对环境保护的认识和参与度。不仅如此，还应该注重长期效益和长远影响，确保发展具有可持续性。

3. 经济维度

在经济维度上，可持续发展意识倡导绿色经济、循环经济，鼓励技术创新和产业升级，实现经济效益与环境保护的双赢。这种经济模式是对传统经济模式的重大改进和创新，要求在追求经济效益的同时，更加注重环境保护和资源节约。在实际中，应该积极推动绿色产业的发展，鼓励企业采用绿色技术和生产方式，提高资源利用效率，减少环境污染和生态破坏。同时，还应该加强绿色金融的发展，引导社会资本流向绿色产业和环保项目。此外，技术创新也是实现绿色经济和循环经济的关键。应该加大科技创新和研发力度，推动绿色技术的创新和应用。通过技术创新，可以降低生产成本、提高生产效率、减少环境污染和资源浪费，从而实现经济效益与环境保护的双赢。

二、可持续发展意识的重要性与培养方式

（一）可持续发展意识的重要性

1. 提升环境保护观念

在当今社会，环境污染问题日益严重，已经成为制约我国可持续发展的重要因素之一。面对这一严峻形势，培养可持续发展意识显得尤为重要。通过提升公众的可持续意识，能够激发公众对环境保护的关注和热情，促进其积极参与各种环境保护行动。只有当公众意识到自己的行为会对环境产生直接影响时，才更有可能主动采取行动来减少污染。例如，减少一次性用品的使用、参与垃圾分类、选择绿色出行方式等，这些看似微小的行动汇聚起来，就能产生巨大的环保力量。而且，通过加强环保教育，可以让更多的人了解环境保护的重要性以及如何实现可持续发展。这不仅能够增强公众的环保意识，还能够培养他们在实际生活中践行环保理念的能力。

2. 建立正确的人口观念

人口的急剧增加给社会带来了诸多挑战，包括资源短缺、环境污染、社会压力等。培养可持续发展意识有助于公众建立正确的人口观念，理性看待人口增长问题。

只有当公众意识到人口增长会导致资源短缺和环境污染等问题时，才更有可能支持控制人口增长的措施。这不仅有助于缓解环境压力，还为可持续发展创造更好的条件。而且，在可持续发展意识的指导下，公众会更加关注自己的家庭规划和社会责任，会更愿意采取负责任的生育态度，避免给社会和环境带来负担。

3. 树立正确的资源观念

培养可持续发展意识能够使公众更加珍惜资源、合理利用资源、减少浪费现象。可持续发展意识能够让公众认识到资源的有限性。只有当公众意识到资源的有限性时，才更有可能采取节约资源的行动。例如，节约用水、用电、用气等，这些节约行为不仅有助于缓解资源短缺问题，还能够降低生活

成本。在可持续发展意识的指导下,公众会更加关注资源的循环利用和再生利用,会更愿意选择使用可再生资源和环保产品,减少对自然资源的依赖和破坏。并且,随着公众对环保和资源问题的关注度不断提高,绿色产业逐渐成为了新的经济增长点。发展绿色产业不仅可以实现经济效益和环境保护的双赢,还为可持续发展注入新的动力。

(二)可持续发展意识的主要培养方式

1. 教育引导

教育引导是培养可持续发展意识的基础和关键,将可持续发展理念融入教育体系,培养学生的可持续发展意识,是长期且有效的途径。在学校教育中,通过课堂教学向学生传授可持续发展的理论知识,使学生了解可持续发展的概念、原则和目标。同时,结合实践活动,如环保手工制作、生态考察等,让学生亲身体验和感受可持续发展的重要性。这些活动还能够激发学生的学习兴趣,培养他们的环保意识和责任感。此外,家庭教育也是培养可持续发展意识的重要环节。家长应该以身作则,通过日常生活中的点滴细节,如节约用水用电、减少一次性用品的使用等,向孩子传递环保理念和可持续发展的生活方式。同时,家长还可以引导孩子关注环境问题,鼓励他们参与环保活动,培养他们的环保习惯。教育引导可以让更多的人了解可持续发展的意义和价值,树立正确的环保意识和可持续发展观念。

2. 媒体宣传

在当今社会,环境保护与可持续发展的议题越发凸显其重要性。这其中,媒体宣传无疑扮演了举足轻重的角色。媒体作为信息的传播者,其影响力覆盖广泛,可以触及社会各个角落,成为培养公众可持续发展意识的关键力量。电视、广播等传统媒体与新兴的网络媒体,共同构建了一个多元而强大的传播网络。通过这些平台,我们可以将可持续发展的理念与成功案例广泛传播,让公众在耳濡目染中逐渐加深对环保的认识并引起重视。例如,电视媒体可以制作一系列寓教于乐的环保节目,通过生动的画面和有趣的故事,将复杂的环保知识浅显易懂地表达出来,使观众在轻松愉快的氛围中接受到环保教育。广播媒体则可以利用声音的魅力，通过讲述环保故事、播放环保歌曲等方式，将环保理念深入人心。而网络媒体的崛起，为环保宣传提供了更为广阔的空间。通过网络平台，我们可以发布环保资讯、分享成功案例、推广绿色生活方式等，让更多的人了解到环保的重要性。同时，网络媒体还具有互动性强的特点，人们可以在网络上交流环保心得、分享环保经验，形成一股强大的环保力量。除了传统的媒体宣传方式，还应该充分利用社交媒体这一新兴平台。微博、微信等社交媒体平台拥有庞大的用户群体和高度互动性，可以让人们更直接地与公众进行交流，了解其需求和想法。发布环保话题、组织线上活动等方式，可以激发公众的环保热情，引导公众积极参与到环保行动中来。

3. 公众参与

公众参与是培养可持续发展意识的有效途径。公众的广泛参与和实际行动，可以推动社会向更加绿色、可持续的方向发展。当地相关部门可以组织各种环保活动，如垃圾分类、节能减排等，鼓励公众积极参与。这些活动可以让公众亲身体验到环保的意义和价值，增强他们的环保意识和参与度。同时，相关部门还可以设立环保奖励机制，表彰在环保方面做出突出贡献的个人和组织，激励更多的人参与到环保行动中来。除了部门组织的活动，公众还可以自发组织各种环保行动。例如，志愿者可以参与环保项目的实施和宣传；社区居民可以共同制定和执行环保规定；企业可以推行绿色生产和绿色营销等。这些行动不仅有助于改善环境，还能够增强公众的环保意识和责任感。公众参与可以让更多的人参与到环保行动中来，形成全社会共同参与环保的良好氛围。这种氛围有助于推动社会向更加绿色、可持续的方向发展，为人类的未来生活创造更好的生活环境。

三、可持续发展意识与其他相关概念的区别、联系

（一）可持续发展意识与环保意识

"环保意识"和"可持续发展意识"这两个概念，虽然在某些方面有着重叠，但各自的重点和内涵却有所不同。环保意识主要聚焦于环境保护层面，强调对自然环境的保护和恢复，而可持续发展意识则更加全面，它不仅包含

环保意识，还涵盖了经济、社会等多个方面，追求经济、社会、环境的协调发展。环保意识，作为对自然环境关爱的直接体现，关注的是环境问题的直接解决。它鼓励人们采取各种措施，如减少污染、保护生物多样性、恢复生态系统等，来保护和恢复自然环境，强调的是对自然环境的直接保护和改善，是可持续发展的基础。而要实现真正的可持续发展，仅仅依靠环保意识是不够的。可持续发展意识则是对这一理念的进一步深化和扩展，不仅要求对自然环境进行保护，还要求在经济和社会发展中充分考虑环境因素，实现经济、社会、环境的协调发展。这种全面的视角使得可持续发展意识更加符合现代社会的发展需求。具体来说，可持续发展意识涵盖了社会和环境两个方面：在社会方面，它关注人口、贫困、社会公平等社会问题，追求社会的和谐与稳定；在环境方面，它强调对自然环境的保护和恢复，追求人与自然的和谐共生。而且，环保意识是可持续发展意识的重要组成部分，没有良好的环保意识，就难以实现可持续发展。同时，可持续发展意识的提升也会促进环保意识的增强。因为当人们意识到经济发展、社会进步和环境保护是相互依存、相互影响的整体时，就会更加积极地参与到环保行动中来。如表 2-1 所示。

表 2-1 "环保意识"和"可持续发展意识"的区别、联系

概念	关注点	范围
环保意识	环境保护	自然环境
可持续发展意识	经济、社会、环境协调	经济、社会、环境

（二）可持续发展意识与可持续发展观

可持续发展观，作为一种宏观的发展战略和发展理念，其核心在于平衡。它强调在满足当代人需求的同时，必须确保不损害后代人满足其需求的能力。这种观念要求在经济、社会、环境三个维度上寻求一种长期的、稳定的、和谐的发展模式。它不仅仅是一个目标，更是一个行动的指南，指导着资源配置、科技创新等各个方面的决策与实践。而可持续发展意识，则更多地聚焦于个体或群体层面，是个体或群体对可持续发展理念的认识和态度，体现了

人们对可持续发展问题的关注和责任感。可持续发展意识的提升，意味着更多的人开始意识到自己的行为对环境、社会、经济的影响，并愿意采取行动来减少负面影响，促进可持续发展。这种意识的觉醒，是可持续发展观在微观层面的生动体现，也是推动社会整体向可持续发展转型的关键。两者之间，存在着密切的联系和互动。可持续发展观为可持续发展意识提供了理论指导和发展方向，像一盏明灯，照亮了人们前行的道路，使人们更加清晰地认识到可持续发展的重要性和紧迫性。而可持续发展意识的提升，则有助于推动可持续发展观的落实。当越来越多的人将可持续发展的理念融入自己的日常生活中，当可持续发展成为全社会的共同追求时，可持续发展观就不再仅仅是一种理论或口号，而是变成了现实生活中的生动实践。如表2-2所示。

表2-2 可持续发展意识与可持续发展观的区别、联系

	可持续发展观	可持续发展意识
关注点	环境保护、生态恢复	经济、社会、环境协调
行动范围	减少污染、保护生物多样性等	环保+经济稳定增长+社会全面进步
关系	可持续发展意识的重要组成部分	包含并拓展环保意识
相互作用	为可持续发展奠定基础	促进环保意识增强

（三）可持续发展意识与绿色消费观念

在当今社会，随着环境问题的日益严峻，可持续发展意识和绿色消费观念逐渐成为人们关注的焦点。虽然这两者都旨在推动社会的可持续发展，但它们之间又存在着明显的区别和紧密的联系。绿色消费观念，主要聚焦于消费领域，强调消费者在选择商品和服务时，应优先考虑环保因素，减少对环境的影响。这种观念鼓励人们选择那些在生产、使用和废弃过程中对环境影响较小的产品和服务，从而推动生产者和销售者更加注重环保，形成绿色的生产和消费模式。而可持续发展意识则更加广泛，不仅仅关注消费领域，还涵盖了生产、治理等多个方面。可持续发展意识追求的是全过程的可持续发展，要求人们在满足自身需求的同时，考虑对后代和环境的影响，确保社会

的发展不以牺牲环境为代价。尽管可持续发展意识和绿色消费观念在侧重点上有所不同，但它们之间又存在着紧密的联系。绿色消费观念实际上是可持续发展意识在消费领域的具体体现。倡导绿色消费，可以提升公众的可持续发展意识，使更多的人开始关注并参与到可持续发展的实践中来。同时，绿色消费也是推动可持续发展的重要手段之一。只有当消费者开始选择那些环保的产品和服务时，生产者和销售者才会更加注重环保，从而形成绿色的生产和消费模式，推动整个社会向更加绿色、可持续的方向发展。因此可持续发展意识和绿色消费观念是相互依存、相互促进的，可持续发展意识为绿色消费观念提供了理论指导和发展方向，而绿色消费观念则是可持续发展意识在消费领域的生动实践。只有当每个人都将可持续发展意识和绿色消费观念融入自己的日常生活中时，才能真正地走向更加绿色、更加可持续的未来。如表 2-3 所示。

表 2-3 可持续发展意识与绿色消费观念的区别、联系

	可持续发展意识	绿色消费观念
定义	广泛的概念，涵盖生产、消费、治理等多个方面	聚焦于消费考虑
侧重点	追求全过程的可持续发展	鼓励选择环保
关系	提供理论指导和发展方向	具体体现，推动社会发展
共同目标	推动社会的可持续发展	对社会的承认度

第二节 当代可持续发展意识内涵的诠释

一、当代可持续发展意识的核心要义

（一）环境友好的生活方式

1. 树立环境友好理念

在当代社会，随着环境问题的日益严重，可持续发展意识逐渐深入人心。这一意识强调，每个人都应当树立环境友好的生活方式，通过自身的行动和

选择，为保护环境、实现可持续发展贡献一份力量。环境友好的生活方式，不仅仅是一种时尚或潮流，更是一种对地球未来的责任和担当。首先，在日常生活中，可以从点滴做起，比如，节约用水、用电，减少一次性用品的使用，选择可循环利用的产品等。这些看似微不足道的行为，实际上却能在日积月累中产生巨大的环境效益。其次，降低废弃物排放同样重要。公众应该学会垃圾分类，将可回收垃圾、有害垃圾、湿垃圾等分开投放，以便更好地进行资源回收和无害化处理。最后，选择环保产品也是体现环境友好理念的一种方式。在购买商品时，可以多关注那些标有环保标志、采用可持续生产方式的产品，用实际行动支持绿色消费。除了个人的日常行为处，还可以通过积极参与环保活动来进一步推动环境友好型社会的建设。无论是参加社区的环保宣传、垃圾分类指导，还是加入环保组织、参与植树造林等公益活动，都是非常有意义的。这些活动，不仅可以提升自己的环保意识，还能影响和带动更多的人加入到环保的行列中来。

2. 推动绿色发展模式

环境友好的生活方式不仅仅局限于个人的行为和选择，更需要整个社会的共同努力来推动绿色、低碳、循环的发展方式。这要求在经济、文化等各个领域都融入可持续发展的理念和实践。在经济领域，推动绿色发展模式需要企业和公众的共同参与。企业应积极响应相关部门的号召，加大环保投入、优化生产流程、减少污染物排放，实现经济效益和环境效益的双赢。公众则可以通过选择绿色消费、参与环保活动等方式，支持企业和相关部门的绿色发展。在文化领域，可以通过各种渠道和形式传播绿色发展的理念和实践。比如，媒体可以加大对环保问题的报道力度，提高公众对环境问题的关注度；学校可以开设环保课程，培养学生的环保意识和责任感；社区可以组织环保活动，让居民在实践中学习环保知识、掌握环保技能。

（二）公平与共享的发展理念

1. 可持续发展与资源公平分配

资源，作为社会发展的基础，其分配方式直接影响着社会的公平与和谐。在当代社会，可持续发展意识的深化使人们认识到，只有实现资源的公平分配，才能确保社会的可持续发展。资源的公平分配，意味着每一个社会成员都能公平地享受到社会发展的成果。这不仅包括自然资源，如土地、水源、矿产等，还包括社会资源，如教育、医疗、文化等。在传统文化的发展过程中，更应注重资源的公平分配。传统文化是历史的积淀，更是社会发展的精神支柱。而在传统文化的发展过程中，往往存在着资源分配不均的问题。一些地区或群体因地理位置、经济条件等，无法充分享受到传统文化带来的益处。因此，需要在推动传统文化发展的同时，注重资源的公平分配，确保每一个社会成员都能感受到传统文化的精髓。想要实现资源的公平分配，社会各界人士应积极参与资源的公平分配工作，通过捐赠、援助等方式，为弱势群体提供更多的支持和帮助。同时，还应加强教育和宣传，提高公众对资源公平分配的认识和意识，形成全社会共同参与的良好氛围。

2. 可持续发展与资源共享理念

在当代社会，随着全球化和信息化的深入发展，资源共享的理念已经得到了广泛的认同和实践。资源共享，意味着将有限的资源进行有效整合和优化配置，使其发挥最大的效益。在传统文化的发展过程中，资源共享显得尤为重要。传统文化作为一种无形的资源，其传承和发展需要社会成员的共同参与和努力。通过资源共享，可以将传统文化的精髓传递给更多的人，让更多的人了解和喜爱传统文化。同时，资源共享还可以促进不同地区、不同文化之间的交流与合作，推动文化的多样性和包容性。实现资源共享，需要树立开放、合作、共赢的理念。这就需要打破地域和文化的界限，积极寻求与其他地区、其他文化的交流与合作。通过共享资源、共享经验、共享成果，可以共同推动传统文化的传承和发展。而且，应注重培养公众的资源共享意识。通过教育和宣传，让更多的人认识到资源共享的重要性，并积极参与其中。同时，还应建立健全的资源共享机制，为资源共享提供制度保障和支持。通过资源共享，可以实现资源的有效整合和优化配置，推动社会的共同进步和发展。

（三）创新驱动的发展模式

1. 科技创新引领可持续发展

在环境压力日益增大的今天，传统的发展模式已经无法满足经济社会对可持续发展的迫切需求，这就需要依靠科技创新的力量，引领经济社会向绿色、低碳、循环的方向迈进。科技创新在推动可持续发展中发挥着至关重要的作用，而随着化石能源的逐渐枯竭和环境污染的日益加剧，清洁能源将成为未来能源发展的主流。通过科技创新，可以开发出更多高效、环保的清洁能源，如太阳能、风能、水能等，从而减少对化石能源的依赖，降低环境污染，而且，绿色技术的推广也是科技创新的重要方向。绿色技术是指那些能够降低资源消耗、减少环境污染、提高生产效率的技术。科技创新可以不断推动绿色技术的研发和应用，如绿色制造、绿色建筑、绿色交通等，从而在各个领域实现资源的节约和环境的保护。科技创新还可以推动绿色金融体系的建立和完善。绿色金融体系是指那些能够为绿色项目提供资金支持、降低绿色项目融资成本的金融体系。通过科技创新，可以开发出更多创新的绿色金融产品，如绿色债券、绿色基金、绿色保险等，为绿色项目提供更多的资金支持，推动绿色产业的发展。此外，科技创新引领可持续发展，需要人们树立创新意识，加强研发投入，培养创新人才。对此，相关部门应加大对科技创新的支持力度，提供更多的政策和资金扶持，鼓励企业加强自主创新，推动产学研用深度融合，为人类的可持续发展贡献更多的智慧和力量。

2. 制度创新保障可持续发展

制度创新是指通过改革和完善制度机制，为可持续发展提供有力的保障和支持，这就需要建立绿色发展的制度框架，这个框架应该包括环境保护法律法规、资源管理制度、绿色税收政策等，为可持续发展提供明确的保障。同时，还应加大环境监管和执法力度，确保各项环保措施得到有效执行，而且，绿色产业也是推动可持续发展的重要力量。制度创新可以为绿色产业提供更多的市场空间，鼓励企业加大绿色技术研发和应用投入，推动绿色产业的快速发展。此外，还应加强绿色金融的制度创新。绿色金融是推动绿色产业发展的重要资金来源。通过制度创新，可以建立更加完善的绿色金融体系，为绿色项目提供更多的融资支持和风险管理服务，降低绿色项目的融资成本，推动绿色产业的可持续发展。

二、当代可持续发展意识在各个领域的应用

（一）环境保护领域的应用

随着当代可持续发展意识的普及，越来越多的企业和个人开始积极参与环保行动，推动社会形成绿色、低碳、循环的发展方式。企业作为经济活动的主要参与者，其环保行动对于推动绿色发展具有重要意义。许多企业开始注重绿色生产和绿色管理，通过引进绿色技术和设备、改进生产工艺等方式，减少污染物排放和资源消耗。同时，企业还加强了自身的环保宣传和教育工作，增强员工的环保意识，推动企业内部的绿色发展。个人作为社会的一分子，其环保行动同样具有不可忽视的作用。越来越多的人开始关注环境问题，采取绿色生活方式和消费方式，做出使用环保产品、减少能源消耗、降低碳排放等行为，为环保事业贡献自己的力量。并且，个人还可以通过参与环保活动、支持环保组织等方式，推动环保事业的发展，这为可持续发展提供了强大的动力和支持。

（二）经济发展领域的运用

1. 绿色经济浪潮的兴起与企业转型

在当代社会，可持续发展意识已经渗透到经济发展的每一个角落，其中最为显著的就是绿色经济的兴起。这一经济形态强调在发展过程中，不仅要追求经济效益，更要注重环境保护和生态平衡，力求实现经济与环境的双赢。随着可持续发展意识的不断提升，越来越多的企业开始意识到，传统的以牺牲环境为代价的发展模式已经难以为继，必须向绿色经济转型。企业作为经济发展的主体，其生产方式和技术的选择对绿色经济的发展起着至关重要的作用。在可持续发展意识的推动下，越来越多的企业开始采用绿色技术和生产方式，以减少对环境的污染和破坏。例如，一些制造业企业开始引入清洁

生产技术，通过改进生产工艺和使用环保材料，显著降低了生产过程中的废弃物排放和能源消耗。同时，农业领域也开始推广生态农业技术，通过减少化肥和农药的使用，保护土壤和水源，提高农产品的品质和安全性。除了生产方式的转变，越来越多的企业开始将环保和社会责任纳入其核心价值观，不仅在生产过程中注重环保，还在产品设计、包装、销售等各个环节力求做到绿色、环保、可持续发展。这种全方位的绿色转型，不仅提升了企业的环保形象，还为其赢得了更多的市场机会和消费者的青睐。

2. 绿色金融的崛起与金融机构的创新

绿色金融的核心是将环保和可持续发展理念融入金融活动，通过金融手段推动绿色经济的发展。在这一领域，金融机构发挥着至关重要的作用。传统的金融机构在投资决策时，往往只关注经济效益，忽视了对环境的影响。而在可持续发展意识的推动下，越来越多的金融机构开始关注绿色投资，将环保和可持续发展作为投资决策的重要考量因素，通过提供绿色信贷、发行绿色债券、设立绿色基金等方式，为绿色经济项目提供资金支持，推动绿色产业的发展。除了资金的支持，金融机构还在产品和服务上进行创新，以满足绿色经济的需求。例如，一些银行开始提供与环保和可持续发展相关的理财产品和服务，吸引更多投资者关注绿色经济。同时，保险公司也开始推出与环保相关的产品，如环境污染责任保险等，为绿色经济提供风险保障。

（三）社会文化领域的运用

1. 环保组织与志愿者团队

在当代社会，随着环境问题日益凸显，可持续发展意识逐渐渗透到社会文化的各个层面，其中环保组织与志愿者团队扮演着至关重要的角色。这些组织和团队以传播环保理念、提升公众环保意识为己任，通过开展形式多样的环保宣传和教育活动，将可持续发展意识的种子播撒到社会的每一个角落。环保组织不仅致力于环境保护的实际行动，如清理垃圾、保护野生动植物等，还积极开展环保教育活动，如走进学校、社区，通过讲座、展览、互动体验等方式，让公众特别是青少年了解环境问题的严峻性，培养其环保责任感和行动力。志愿者团队则以其高度的热情和奉献精神，成为环保行动的中坚力量，参与植树造林、河流清理、环保宣传等各项活动，用自己的实际行动诠释着可持续发展的真谛，激励着更多人加入到环保的行列中来。而且，环保组织与志愿者团队的这些努力，不仅增强了公众的环保意识，提高了参与度，还促进了社会文化的绿色转型。在他们的推动下，越来越多的人开始关注自己的生活方式对环境的影响，选择绿色消费、减少浪费，以实际行动支持可持续发展。这种自下而上的社会变革，为构建更加绿色、和谐的社会文化环境奠定了坚实的基础。

2. 绿色文化产品的兴起

在当代社会文化领域，绿色文化产品的兴起成为可持续发展意识传播与发展的新亮点。这些产品以环保为主题，通过创意和艺术的形式，将可持续发展理念融入人们的日常生活中，潜移默化地影响着人们的思维方式和行为习惯，如绿色电影、绿色音乐等文化产品，以其独特的魅力和深刻的内涵，吸引着越来越多的观众和听众。它们或讲述环保英雄的感人故事，或展现自然风光的壮美与脆弱，或探讨人类与自然的关系和未来发展的道路。这些作品不仅让观众在享受艺术的同时，更加深刻地认识到了环境问题的紧迫性和保护环境的重要性，还激发了他们参与环保行动的热情和创造力。除了传统的文化产品，新兴的数字媒体和互联网技术也为绿色文化的传播提供了更广阔的平台。环保主题的网站、社交媒体账号、在线课程等，让可持续发展意识跨越地域和时间的限制，迅速传播到全球各地。人们通过这些平台获取环保知识、分享环保经验、参与环保讨论，形成一个庞大的绿色文化社群，共同推动可持续发展意识的普及和实践。

第三节　当代可持续发展意识构建的时代诉求

一、生态保护的紧迫性

（一）生态保护的紧迫任务

1. 维护自然生态平衡与人类生存发展的基石

步入 21 世纪，随着工业化、城市化的加速推进，人类活动对自然环境的影响日益加剧，自然环境的恶化趋势已成为不容忽视的严峻现实。森林的砍伐、水源的污染、生物多样性的逐渐丧失、气候的异常变化……这一系列环境问题不仅破坏了自然的生态平衡，更对人类自身的生存和发展构成了一定威胁。因此，生态保护是当下最为紧要的任务，而自然界是一个复杂而精密的生态系统，各种生物和环境因素之间相互依存、相互制约，共同构成了地球的生命支持系统。但人类的活动往往打破了这种平衡，导致生态系统紊乱，这就需要加强生态保护，恢复和维护自然生态平衡，这是保障地球生命系统健康运行的基础。同时，生态保护也是保障人类自身生存和发展的基础。人类作为自然界的一部分，其生存和发展离不开健康的自然环境。清洁的水源、肥沃的土地、丰富的生物……这些都是人类赖以生存的自然资源，这就要求在构建当代可持续发展意识时，将生态保护纳入社会发展的全局考虑之中。而这需要转变传统的发展观念，不再以牺牲环境为代价来追求经济增长，而是寻求经济、社会、环境的协调发展。同时，还需要加强生态保护的宣传和教育，提高公众对生态保护的认识和参与度，形成全社会共同关注、共同参与生态保护的良好氛围。

2. 推动人与自然和谐共生是当代可持续发展意识的核心要义

在当代社会，随着人类对自然环境的影响日益加剧，构建人与自然和谐共生的关系已成为可持续发展的核心要义。这一理念的提出，不仅是对自然生态平衡的维护，更是对人类自身生存方式的深刻反思和重新定位。推动人与自然和谐共生要求人们尊重自然、顺应自然。自然界有着其固有的运行规律和节奏，人类的活动应当遵循这些规律，而不是试图去征服和改造自然。这意味着在进行资源开发、城市建设等活动时，需要充分考虑自然环境的承载能力和恢复能力，避免对自然环境造成不可逆转的破坏。同时，推动人与自然和谐共生还要求人们积极修复已经被破坏的自然环境。在过去，人类的活动已经对自然环境造成了严重的破坏，这就需要采取行动来修复这些被破坏的生态系统，恢复它们的生机和活力，包括植树造林、治理水污染、保护生物多样性等一系列措施。为了实现人与自然和谐共生的目标，需要转变传统的发展观念和生活方式。以往那种以高消耗、高排放为代价的发展模式已经难以为继，应转向绿色、低碳、循环的发展道路。同时，生活方式也需要发生改变，更加要注重节约资源、保护环境，减少对自然环境的负担。在这一过程中，构建当代可持续发展意识显得尤为重要。可持续发展意识不仅是对环境问题的关注，更是一种全新的价值观和世界观。它要求人们重新审视人与自然的关系，将人类的发展与自然界的健康运行紧密结合起来，寻求一种既能满足当代人需求又不损害后代人利益的发展模式。

（二）可持续发展的必由之路

1. 可持续发展是应对环境问题的必由之路

气候变化、资源枯竭、生态失衡，这些词汇频繁出现在新闻报道和科学研究中，在这样的背景下，可持续发展成为了应对环境危机的必由之路。可持续发展，简而言之，就是在满足当前需求的同时，不损害后代利益满足其需求的能力。它强调经济发展与环境保护的和谐统一，追求经济、社会、环境的全面协调。这种理念的提出，是对过去"先污染后治理"发展模式的深刻反思，也是对未来可持续发展道路的探索和规划。要实现可持续发展，需要在全社会范围内构建当代可持续发展意识。这不仅仅是一种理论上的倡导，更是一种实践上的行动，应通过教育、宣传等多种手段，将可持续发展的理念深入人心。让每个人都明白，保护环境就是保护人们自己，实现可持续发展就是实现共同的未来。在构建可持续发展意识的过程中，应关注不同群体的需求和利益。企业需要转变发展方式，推动绿色生产和循环经济；社会组织和公众则需要积极参与环保行动，共同维护人类的家园。同时，还需要认识到可持续发展的长期性和复杂性。它不是一个短期就能实现的目标，而是需要人们在实践中不断探索和完善的过程。应始终坚持不懈地推进环境保护和生态建设，努力实现经济、社会、环境的协调发展。具体来说，可以通过推广清洁能源、加强生态修复、提高资源利用效率等措施来推动可持续发展。这些措施不仅可以减少环境污染和生态破坏，还可以促进经济增长和社会进步。例如，发展清洁能源可以减少对化石能源的依赖，降低温室气体排放；加强生态修复可以恢复生态系统的稳定性和服务功能；提高资源利用效率可以降低生产成本，提高经济效益。这些措施的实施需要全社会的共同努力和智慧。

2. 引导转变发展方式与生活方式

为了实现经济、社会、环境的协调发展，必须引导人们转变发展方式和生活方式，这就需要明确可持续发展的核心理念，即"以人为本、绿色发展"。这意味着在追求经济增长的同时，必须关注人的全面发展和生态环境的保护，只有这样，才能实现真正的可持续发展。首先，在引导转变发展方式方面，需要从政策层面入手，制定科学的规划和政策，引导社会资源的合理配置。相关部门应加大对绿色产业的扶持力度，推动传统产业的转型升级。同时，还应鼓励企业采用环保技术和生产方式，降低污染排放和资源消耗。其次，在引导转变生活方式方面，要加强对公众的环保教育，增强人们的环保意识和责任感。可以通过举办各种环保活动、展览和讲座等形式，让更多的人了解环保知识和可持续发展的重要性。而且，要倡导绿色消费和低碳生活，鼓励人们选择环保产品，减少浪费、节约资源、降低碳排放。同时，还应加强公共交通建设，鼓励人们多使用公共交通工具，减少私家车的使用。最后，还应注重文化传承和创新。在传统文化中挖掘可持续发展的元素和理念，并将其与现代生活相结合，通过文化创新的方式，使可持续发展的理念更加深入人心。

二、经济转型与绿色发展的追求

（一）传统经济发展模式的反思

1. 高投入、高消耗、高排放的不可持续性

传统经济发展模式以其显著的高投入、高消耗、高排放特征，在历史上确实推动了经济的快速增长。然而，这种增长背后隐藏的是对资源的过度开采和对环境的严重破坏。随着时间的推移，这种模式的弊端日益显现，其不可持续性已成为制约未来发展的重要因素。高投入是传统经济发展模式的一大特点。为了实现经济的快速增长，大量的资本、劳动力和资源被投入生产过程中，这种高投入的策略在短期内确实能够带来显著的经济增长，但长期来看，却导致了资源的过度消耗和环境的恶化。许多资源是有限的，如化石

燃料、矿产等，过度开采将导致资源枯竭，对未来经济的发展构成了严重威胁。其中，高消耗是传统经济发展模式的另一个显著特征。在这种模式下，生产过程中的资源利用效率往往较低，大量的资源被浪费。同时，产品的使用寿命也相对较短，进一步加剧了资源的消耗。这种高消耗的生产方式不仅浪费了宝贵的资源，还增加了环境的负担，使得环境污染和生态破坏问题日益严重，而在生产过程中，大量的废气、废水和固体废弃物被排放到环境中，对空气、水源和土壤造成了严重的污染。这种污染不仅影响了人类的健康和生活质量，还对生态系统造成了破坏，使得生物多样性减少，生态平衡被打破。

2. 当代可持续发展意识引导下的经济发展模式转变

面对传统经济发展模式带来的严重资源、环境问题，当代社会必须构建可持续发展意识，推动经济发展模式的转变。绿色、低碳、循环的发展模式成为了新的发展方向，它旨在实现经济的长期稳定增长与环境的可持续保护之间的平衡。绿色发展强调在经济活动中充分考虑环境因素，通过采用环保技术、发展绿色产业、推广清洁能源等方式，减少对环境的污染和破坏。在绿色发展的理念下，经济增长不再是唯一的目标，而是和环境保护同样重要。这种发展模式的转变要求在生产过程中更加注重资源的节约和环境的保护，实现经济与环境的协调发展。低碳发展则侧重于减少经济活动中的碳排放，以应对全球气候变化带来的挑战。通过提高能源利用效率、发展可再生能源、推广节能减排技术等方式，可以有效减少经济活动中的碳排放量，减缓气候变化的速度。低碳发展不仅有助于保护地球家园，还能为经济带来新的增长点，如绿色能源产业、环保技术等。循环发展则强调在经济活动中实现资源的循环利用，减少资源的浪费和消耗。通过发展循环经济、推广废弃物资源化利用、鼓励产品再利用等方式，可以有效提高资源的利用效率、降低对原生资源的依赖。循环发展不仅有助于节约资源，还能减少环境污染，实现经济的可持续发展。

（二）绿色发展理念的引入

1. 经济增长与环境保护的和谐统一

在当今日益严峻的环境问题面前，绿色发展理念以其独特的视角和深刻的内涵，为现代人们指明了一条经济增长与环境保护和谐统一的发展道路。绿色发展不仅仅是一种经济增长方式，更是一种全新的社会发展理念，它强调在追求经济效益的同时，必须注重资源节约和环境保护，实现经济效益、社会效益和生态效益的有机统一。绿色发展的核心理念在于"绿色"二字，它代表着生命、希望和活力。在绿色发展的框架下，经济增长不再是单纯的数字增长，而是更加注重质量和效益的提升。这意味着要转变过去那种以高能耗、高污染为代价的发展模式，采用更加清洁、高效、低碳的生产方式，推动经济结构的优化升级。为了实现绿色发展的目标，要树立绿色发展的意识，让每个人都明白保护环境就是保护自己，实现绿色发展就是实现共同的未来；还要加强科技创新，推动绿色技术的研发和应用，为企业提供更加环保、高效的生产方式。同时，还要加强政策引导，鼓励企业采用绿色生产方式，推动绿色产业的发展。在绿色发展的实践中，企业扮演着至关重要的角色。作为经济活动的主要参与者，企业的生产方式和发展模式直接影响着环境的质量。因此，要鼓励企业积极采用清洁生产技术，提高资源利用效率、减少污染物排放。这不仅可以降低企业的生产成本、提高企业的竞争力，还可以为环境保护做出贡献。

2. 绿色发展的普及

在构建当代可持续发展意识的过程中，要注重理念的传播和实践的引导，可以通过各种渠道和方式，广泛宣传绿色发展的理念和重要性。通过媒体、网络、教育等多种途径，使更多的人了解到绿色发展的内涵和意义，形成全社会共同关注和支持绿色发展的良好氛围。而且，绿色发展不仅仅是一种理念，更是一种实践行动。要鼓励企业、社会组织和个人积极参与到绿色发展的实践中来，用实际行动推动绿色发展的进程。例如，企业可以采用清洁生产技术、提高资源利用效率、减少污染物排放等措施，推动绿色生产；社会组织可以开展环保公益活动、推动绿色消费等行动，引导公众形成绿色生活方式；个人可以从自身做起，如节约用水用电、减少浪费等，为绿色发展贡献一份力量。在推动绿色发展的过程中，还要注重科技创新和制度保障。科技创新是推动绿色发展的关键力量，要加强绿色技术的研发和应用，为企业和社会提供更加环保、高效的生产生活方式。

（三）经济转型的必然趋势

1. 产业结构优化升级引领高质量发展

随着科技进步的日新月异，经济转型已成为当今社会发展的必然趋势。这种转型不仅仅是对经济结构的调整，更是对发展理念的革新，旨在推动经济从传统的依赖资源消耗和环境污染的模式，转向更加高效、绿色、可持续的发展路径。在经济转型的过程中，产业结构的优化升级是核心任务之一。传统的产业结构往往以重工业、高能耗、高污染行业为主，这种结构不仅制约了经济的持续发展，也给环境带来了巨大的压力。因此，需要积极推动产业结构的优化升级，加快发展绿色产业、高新技术产业等新兴产业，降低对传统产业的依赖，实现经济结构的多元化和升级。在产业结构优化升级的过程中，创新驱动发展战略的实施至关重要。创新是推动经济持续发展的根本动力，只有不断推动科技创新、管理创新、模式创新等各方面的创新，才能为经济转型提供强大的支撑。在推动经济转型的过程中，要鼓励企业加大研发投入，推动技术创新和成果转化，培育一批具有核心竞争力的创新型企业。同时，还要加强创新人才培养和引进，为创新提供源源不断的人才支持；还需要注重经济、社会、环境的协调发展。经济发展是社会进步的基础，但经济发展不能以牺牲环境和社会稳定为代价，要在推动经济发展的同时，注重环境保护和社会公平，实现经济、社会、环境的共赢。这需要加强环境监管和治理，推动绿色发展，同时加强社会保障和公共服务体系建设，提升人民的生活质量和幸福感。

2. 引领经济转型的社会共识

在推动经济转型的过程中，构建当代可持续发展意识是至关重要的一环。这种意识不仅是对经济转型的深刻理解和认同，更是对未来发展理念的共同追求和行动指南。构建当代可持续发展意识，首先，要引导人们认识到经济转型的重要性和紧迫性。随着全球资源环境约束的加剧和市场竞争的日益激烈，传统的经济发展模式已经难以为继，需要通过经济转型，推动经济从传统的依赖资源消耗和环境污染的模式，转向更加高效、绿色、可持续的发展路径。这需要每个人都要认识到经济转型的必要性和重要性，并积极投身到经济转型的伟大实践中去。其次，构建当代可持续发展意识还要推动社会形成共同的发展理念。同时，要倡导绿色发展、循环发展、低碳发展的理念，推动形成绿色生产生活方式。这就需要加强宣传教育，增强公众的环保意识和责任感，让每个人都成为绿色发展的践行者。最后，构建当代可持续发展意识还需要加强社会组织的参与和推动作用。社会组织是推动社会发展的重要力量，可以通过开展公益活动、推广绿色理念等方式，引导公众形成绿色发展的共识。要鼓励和支持社会组织积极参与到经济转型的实践中来，为推动经济转型提供有力支持。

三、文化多样性与可持续发展的融合

（一）文化多样性与可持续发展之间的紧密联系

1. 文化多样性是人类文明的瑰宝

文化多样性，作为人类文明的重要特征，体现了人类社会的丰富性和多元性。它涵盖了语言的多样性、艺术的多样性、习俗的多样性等多个方面，这些不同的文化元素共同构成了五彩斑斓的人类世界。每一种文化都是其地域、历史、传统和创新的独特产物，是人类智慧的结晶。

2. 文化多样性对可持续发展的推动作用

文化多样性在推动可持续发展中发挥着不可替代的作用。一方面，不同的文化对自然环境和生态系统的理解和认知各有特色，这些独特的视角有助于我们更全面地理解可持续发展的内涵和要求。另一方面，文化多样性也为可持续发展提供了多样化的解决方案。不同的文化背景下，人们可能发展出不同的可持续发展模式和技术，这些模式和技术的交流和融合，有助于推动全球可持续发展的进程。

（二）通过文化创新与文化传承弘扬生态文明理念

1. 文化创新引领可持续发展新趋势

在推动可持续发展的过程中，文化创新起着引领和推动的作用，文化创新不仅包括文化形式的创新，也包括文化理念的创新。通过文化创新，我们可以将生态文明的理念融入各种文化形式中，如艺术、文学、音乐等，让更多的人在欣赏文化的同时，也能深刻感受到生态文明的重要性。同时，文化创新也可以推动可持续发展技术的创新。不同的文化背景下，人们可能发展出不同的可持续发展技术，这些技术的交流和融合，有助于推动全球可持续发展技术的创新和发展。

2. 文化传承是夯实可持续发展的文化基础

文化传承是弘扬生态文明理念的重要途径。通过文化传承，我们可以将古人的智慧和经验传递给后人，让更多的人了解和学习到生态文明的理念。同时，文化传承也可以帮助我们更好地理解和尊重不同的文化，促进不同文化之间的交流与融合。在文化传承的过程中，需要注重非物质文化遗产的传承。非物质文化遗产是传统文化的重要组成部分，其中蕴含着丰富的生态智慧和可持续发展思想。传承非物质文化遗产，可以更好地弘扬生态文明理念，推动可持续发展的深入发展。

第三章　传统文化中的生态智慧与环境观念

第一节　传统文化中的生态保护理念与实践

一、基于传统文化中的生态保护理念

（一）"无情有性"的自然平等观

1. 自然万物的生命性

在传统文化中，自然万物的生命性被赋予了极高的地位。与工业文明中征服自然、人定胜天的思维模式不同，传统文化强调尊重自然、敬畏自然，将自然视为与人类平等的存在。这种尊重与敬畏，不仅体现在对自然资源的合理利用上，更体现在对自然万物生命性的深刻认识上。在古人的观念中，山川草木、飞禽走兽，乃至无生命的石头、水流，都拥有各自的生命和灵性，它们与人类一样，都是宇宙间的一部分，共同构成了这个丰富多彩的世界。因此，人们在与自然相处时，应当保持一种谦逊的态度，认真聆听自然的声音、感受自然的脉动、尊重自然的选择。这种对自然万物生命性的认识，不仅体现了古人对自然的敬畏之情，也为今天提供了重要的启示。在现代社会中，随着科技的发展和工业化的进程，人类对自然的破坏和掠夺越来越严重。如果能够重拾这种对自然万物生命性的认识，或许能够更好地保护生态环境，

实现人与自然的和谐共生。

2. 万物与人类的平等

在传统文化中，万物与人类被视为平等的存在。这种平等并非指它们在形态、功能或价值上的相等，而是指他们在宇宙中的地位和尊严的平等。无论是高山流水、草木虫鱼，还是人类自身，都是宇宙间的一分子，共同享有生存和发展的权利。在这种观念下，人类不再是自然的主宰者，而是与自然万物相互依存、相互影响的伙伴。人类应当尊重自然、顺应自然，而不是试图征服自然、改造自然。同时，这种万物与人类的平等观念也启示人们，在现代社会中，应当摒弃"人类中心主义"的思想，转而追求一种更加包容和平等的价值观，须尊重自然、尊重其他生物的权利，才能实现人与自然的和谐共处。

（二）"天人合一"的和谐发展观

1."天人合一"是中华生态文化的核心理念

"天人合一"作为中华生态文化范式的核心理念，蕴含着深厚的哲学思想和生态智慧，这一观念强调人与自然的一致性，认为人应当与自然和谐相处，形成一个和谐的整体。在古代，这一思想被广泛应用于社会实践，指导着人们的生产生活方式，体现了人们对自然的尊重与顺应。"天人合一"的思想不仅仅是一种哲学理念，更是一种实践指南。它倡导人类在面对自然时，应采取一种谦逊、尊重的态度，通过顺应自然来实现人与自然的共生共荣。在古代的农业生产、资源管理、环境保护等方面，都可以看到"天人合一"思想的深刻影响。这种思想不仅促进了古代社会的可持续发展，也为现代生态文明建设提供了宝贵的思想资源。而在现代社会，随着生态环境的日益恶化，人们更加深刻地认识到"天人合一"思想的重要性。这一思想提醒，人类不是自然的征服者，而是自然的一部分，应当尊重自然的规律，顺应自然的节奏，与自然和谐相处。

2. 发掘传统文化中的生态保护理念

在古代中国的哲学、文学、艺术等领域都可以找到关于生态保护的深刻见解和实践经验。古人通过观察自然现象，总结出了许多关于生态循环、资源利用、环境保护等方面的规律，形成了倡导节约资源、循环利用、保护生物多样性等理念，这些理念在现代生态学中仍然具有重要的价值。此外，古代还形成了一系列独特的生态保护实践，如退耕还林、植树造林、水利工程建设等，这些实践不仅改善了当时的生态环境，也为后人留下了宝贵的生态遗产。发掘传统文化中的生态智慧，对于现代生态文明建设具有重要的意义。可以从中汲取灵感和智慧，探索出符合时代要求的生态文明建设新路径。同时，通过传承和弘扬传统文化中的生态保护理念，可以增强全社会的环保意识，推动形成绿色低碳的发展模式。

（三）民胞物与

1. 民胞物与是生态平衡的核心理念

在浩瀚的宇宙间，人类与其他生物共同栖息在这颗蓝色的星球之上，民胞物与的理念，便是在这样的背景下生成的，它就像一面镜子，映照出人类与自然和谐共生的美好愿景。这一理念的核心在于，人类与其他生物都是天地之子，共享着同一片蓝天、同一片大地，以及那些滋养生命的水源和空气。因此，人类与其他生物应该相互关爱，共同守护这个家园，体现了一种生态平衡的观念。生态平衡，是民胞物与理念的重要基石。在这个理念下，人类不再是自然界的主宰，而是与其他生物一样，是自然生态链中不可或缺的一环。人类与其他生物一样，拥有生存和发展的权利，同时也承担着保护生态环境的责任。这种平等的观念，让我们重新审视了人类与自然的关系，意识到，只有尊重自然、顺应自然，才能实现人与自然的和谐共生。在民胞物与的理念下，人类对待其他生命体的态度也发生了根本性的变化，不再将其他生物视为可以随意宰割的猎物，而是将它们视为人类的同伙，与人类共同分享这个家园。这种情感上的转变，让人们更加珍惜和尊重每一个生命体，更加珍视我们共同的家园。此外，民胞物与的理念还强调了生态环境保护的重要性。它提醒人们，应该以一种负责任的态度，去关爱和呵护自然，让地球家园变得更加美好。这种生态伦理的倡导，不仅有助于我们树立正确的生态观念，也有助于推动社会向着更加文明、和谐的方向发展。在古代文献中，如《孟子》等，就有关于"仁民爱物"的论述。这些论述深刻揭示了人类与自然之间的紧密联系，强调了人类应该如何对待自然界万物。孟子曾说："亲亲而仁民，仁民而爱物。"这句话告诉我们，只有先关爱自己的亲人，才能推广到关爱人民；只有先关爱人民，才能进一步推广到关爱万物。这种层层递进的情感表达，体现了民胞物与理念的深刻内涵。在当今社会，随着环境问题的日益严峻，民胞物与的理念更显得弥足珍贵。它提醒人们，在追求经济发展的同时，不能忽视对生态环境的保护，应该以一种更加敬畏和珍惜的态度，去面对自然、关爱生命。只有这样，才能真正实现人与自然的和谐共生，让地球家园焕发出更加绚丽的光彩。

2."仁民爱物"是古代文献中的生态智慧

在古老的文献中，先贤们早已对人与自然的关系进行了深刻的思考。其中，"仁民爱物"的论述，便是对这种关系的最好诠释。这一理念不仅体现了人类对其他生物的关爱和尊重，更蕴含了深厚的生态智慧。"仁民爱物"的理念，着重于强调了"仁"的重要性。在古代文化中，"仁"是一种道德准则，要求人们以仁爱之心去对待他人。而在"仁民爱物"的论述中，"仁"的范畴被进一步扩展，不仅仅局限于人与人之间，还包括了人与自然之间。这种理念的提出，让我们意识到，人类与其他生物都是自然的一部分，我们应该以同样的仁爱之心去对待它们。而且，"仁民爱物"的理念还强调了"爱物"的重要性。这里的"物"，指的是自然界中的万物，包括动物、植物等。在古代文献中，可以看到许多关于爱护动植物的论述，如"草木荣华滋硕之时，则斧斤不入山林，不夭其生，不绝其长也。"这些论述都体现了古人对自然界万物的爱护和尊重，也为现代人们提供了宝贵的生态智慧。"仁民爱物"的理念还强调，人类与自然是相互依存的，人类依赖自然提供的食物、水源和空气等生存条件，而自然也需要人类的保护和呵护。如果我们破坏了自然环境，就会威胁到自身的生存和发展。因此，应该以一种更加负责任的态度去面对自然、关爱生命，保护人类共同的家园。

（四）敬畏生命

敬畏生命，这是一种深邃而古老的智慧，它扎根于人类对于生命奥秘的探寻与敬畏之中。这一核心理念强调了对所有生命的尊重与珍视，无论是行走在大地上的人类，还是翱翔于天际的鸟类，抑或是藏匿于深海的生物，它们都是生命宇宙中的一部分，都应当得到平等的尊重与保护。当人们抬头仰望星空时，感受到的是无尽的浩渺与深邃。同样，当人们俯瞰这个多彩的世界时，看到的也是无数生命的繁衍生息。从微小的细菌到庞大的鲸鱼，从静谧的森林到喧嚣的城市，生命的足迹遍布每一个角落。它们各自以独特的方式存在着，共同编织出这个五彩斑斓的世界。在敬畏生命的理念下，人们学会了用一颗感恩的心去面对这个世界，感谢每一片叶子带来的绿荫，感谢每一朵花带来的芬芳，感谢每一只动物带来的生机，并深知这些生命与人们息息相关，是它们的存在让这个世界变得更加美好。在对待动物时，人们不再仅仅是将它们视为满足自己需求的工具，而是学会了尊重它们的生存权利；不再随意捕杀或虐待它们，而是尊重它们的生命，就像尊重自己的生命一样。在这个过程中，人们学会了与动物和谐共处，共同维护这个星球的生态平衡。对于植物，人们也同样保持着敬畏之心，不再随意砍伐树木、践踏草地，而是努力保护每一片绿色。同时深知这些植物不仅为人们提供了氧气和食物，还为人们带来了美的享受，人们尊重它们的生命，就像尊重自己的生命一样。当然，对于人类自己，更是要保持着敬畏之心，深知每一个生命都是独一无二的，都承载着无限的可能，尊重每一个人的选择和决定，尊重每一个人的梦想和追求，不再随意干涉他人的生活，而是学会了包容和理解，只有当真正尊重他人时，才能得到他人的尊重。敬畏生命，不仅是一种理念，更是一种行动，它让人们学会了珍惜每一个生命，无论它们是强大还是弱小。它让人们学会了尊重自然、尊重生命、尊重自己。

（五）虞衡制度

1. 古代的自然智慧与和谐共生

（1）尊重自然，顺应时令

虞衡制度，作为古代资源管理智慧的结晶，其核心理念深植于对自然的敬畏与尊重之中。古人认为，天地万物皆有其时，自然界遵循着严格的季节变化规律，这些规律不仅影响着农作物的生长，也直接关系到森林、草原、水域等生态系统中资源的丰歉。因此，虞衡制度首先强调的是"顺应时令"，即根据四季更迭来合理安排人类活动，确保对自然资源的利用不违背自然法则，从而实现人与自然的和谐共生。

（2）可持续利用，避免"竭泽而渔"

虞衡制度的另一核心理念在于"可持续利用"。古人深知，自然资源并非取之不尽、用之不竭，过度开发必然会导致生态失衡，最终危及人类自身的生存与发展。因此，虞衡制度通过设置一系列的规则和限制，如"四时之禁"，对伐木、狩猎、捕鱼等直接影响自然资源存量的活动进行严格管理，确保这些活动在资源可再生范围内进行，避免"竭泽而渔"式的短期行为，为后代留下生存的空间和机会。

（3）生态平衡，维护生物多样性

在古代，人们认识到不同物种之间相互依存、相互制约的关系，以及这种关系对于维持整个生态系统稳定的重要性。因此，虞衡制度在限制人类活动的同时，也间接保护了生物多样性。例如，通过禁止在特定季节进行狩猎，不仅保护了猎物的种群数量，也为其他依赖这些猎物为食的动物提供了生存机会，从而维护了整个生态系统的平衡与稳定。

2. 规则与智慧的结合

（1）季节性管理的典范

虞衡制度中最具代表性的实践策略便是"四时之禁"。这一制度是根据季节变化，对不同的自然资源利用活动进行精细化的时间管理。春天是万物生长的季节，禁止伐木、狩猎等破坏性行为，以保护新生幼苗和幼小动物；夏天是生长旺盛期，可适当放宽限制，但仍需避免过度采集；秋天是收获的季节，允许合理采集果实、狩猎成熟动物；冬天则是资源相对丰富的时期，但也要遵循适度原则，避免对生态系统造成不可逆的损害。这种季节性管理策略，既满足了人类的基本生活需求，又确保了自然资源的可持续利用。

（2）区域划分与轮作休耕

在古代，人们会根据地形地貌、植被分布等因素，将自然资源划分为不同的区域，并制定相应的利用规则。例如，在森林管理中，会设置禁伐区和限伐区，确保重要生态区域的完整性和恢复能力。同时，在农业生产中，轮作休耕制度也是虞衡思想的重要体现。通过定期轮换农作物种类和让土地休养生息，不仅提高了土壤肥力，还减少了病虫害的发生，实现了农业生产的可持续发展。

（六）取用有节

1. 节制与和谐的自然观

（1）节制之美的哲学根源

"取用有节"理念，根植于古代深厚的哲学土壤之中，是对自然与人类关系深刻洞察的智慧结晶。这一理念倡导在利用自然资源时要保持适度的原则，避免贪婪无度导致资源枯竭和环境破坏。它不仅仅是一种行为准则，更是一种生活态度和哲学思考，体现了古人对宇宙万物和谐共生的深刻理解。在道家思想中，"道法自然"强调顺应自然规律，不强行干预；儒家则通过"天人合一"的理念，倡导人与自然的和谐统一。这些哲学思想共同构成了"取用有节"理念的哲学根基，引导人们以谦逊和敬畏之心对待自然。

（2）爱人与爱物的情怀

"节用而爱人，使民以时"这一古训，不仅是对节约资源的倡导，更是对人性关怀的深刻体现。它要求人们在利用自然资源的同时，也考虑他人的生存与发展，以及自然界的承受能力。这种情怀超越了简单的物质利益追求，将人类社会的发展置于更广阔的生态框架之内。它启示人们，真正的富足不是无限制地占有和消耗，而是在满足基本需求的同时，留给后代和自然界赖以生存和发展的空间。

2. 从古代智慧到现代实践

（1）传统文化中的实践智慧

在古代，"取用有节"理念贯穿于社会生活的方方面面。在农业生产中，农民们遵循"二十四节气"进行耕作，根据时令变化合理安排农事活动，既保证了农作物的丰收，又维护了土壤的肥力；在日常生活中，人们提倡勤俭节约，反对奢侈浪费，通过修缮旧物、重复利用等方式减少对新资源的依赖；在建筑领域，古人注重因地制宜、就地取材，同时强调建筑与周围环境的和谐共生，体现了对自然资源的尊重与珍惜。这些实践智慧不仅丰富了古代社会的物质文化生活，更为后人留下了宝贵的生态伦理遗产。

（2）现代社会的实践路径

随着工业化、城市化的加速推进，全球范围内面临着资源短缺、环境污染等严峻挑战。"取用有节"理念在现代社会显得尤为重要。一方面，需要借鉴古代智慧，将节约资源、保护环境融入到经济社会发展的全过程和各方面。例如，通过推广绿色生产方式、发展循环经济、提高资源利用效率等措施，减少资源消耗和环境污染。同时加强生态教育和宣传引导，增强公众的环保意识和参与度。另一方面，我们还需要结合现代科技手段和管理模式创新实践路径。例如，利用大数据、云计算等现代信息技术优化资源配置效率；通过建立和完善相关法律法规体系加大监管和执法力度；鼓励和支持企业开展技术创新和转型升级实现绿色可持续发展。

（3）个人行动的力量

"取用有节"理念的实践不仅依赖于国家和社会的努力，更需要每个人的积极参与和贡献。在日常生活中可以从点滴做起，如减少一次性用品的使用、选择环保包装的产品、参与垃圾分类和回收等行动。这些看似微小的行为却能在日积月累中汇聚成推动社会进步和环境保护的强大力量。同时还可以通过学习和传播环保知识、倡导绿色生活方式等措施影响和带动周围的人共同参与到环保行动中来，形成全社会共同参与的良好氛围。

二、传统文化中的生态保护实践

（一）节约资源的智慧

1. 日常生活中的节约实践

在现代社会，节约资源的行动已经不再是一种单纯的道德要求，而是成为了一种社会责任和必然选择。随着人类社会的发展和资源的日益紧张，人们必须从日常生活的点滴做起，积极实践节约资源的理念，为生态环境保护贡献力量。在日常生活中，可以从很多方面入手来实践节约资源的行动。首先，节约用水是每个人都可以做到的事情。在洗漱、洗衣、做饭等日常生活中，可以关闭水龙头，避免长时间流水；在浇灌植物时，可以选择节水灌溉的方式，减少水资源的浪费。其次，节约用电也是一项重要的任务。可以通过使用节能灯泡、调整空调温度、减少待机时间等方式来降低电力消耗。最后，还可以减少一次性塑料制品的使用，选择环保的购物袋、餐具等替代品，减少垃圾的产生。

2. 社会发展中的节约实践

在产业发展中，应当注重资源的节约和循环利用。通过技术创新和产业升级，提高资源的利用效率，减少废弃物的产生。例如，在工业生产中采用清洁能源和环保技术，减少污染物的排放；在农业生产中推广节水灌溉技术和有机农业模式，减少化肥和农药的使用等。这些措施不仅有助于生态环境的保护，还能促进经济的可持续发展。而且，在城市规划中，应当注重绿地与建筑的比例关系以及交通与环境的协调关系；在建筑材料的选择上，应当优先选择环保、节能的材料；在城市基础设施的建设中，应当注重资源的节约和循环利用等。这些措施不仅有助于改善城市环境，还能提高城市的可持续发展能力。

（二）古代水利工程的建设

1. 古代水利工程的辉煌成就

在古代，水利工程的建设不仅是国家发展的重要基石，更是人民智慧与自然和谐共生的结晶。其中，大运河与灌溉渠道作为古代水利工程的杰出代表，不仅在当时解决了人们的生产生活需求，而且对后世的水资源管理和生态环境保护也产生了深远影响。大运河，这一横贯南北的水上动脉，是古代水利工程的巅峰之作。它连接了黄河、长江、淮河、钱塘江和海河五大水系，不仅极大地促进了南北物资的交流和经济的繁荣，还成为了古代经济、文化发展的重要纽带。大运河的建设，充分展示了古代人民在水利规划、设计、施工和管理方面的卓越才能，也体现了人与自然和谐相处的智慧。除了大运河，古代的灌溉渠道也是水利工程的重要组成部分。这些灌溉渠道如同大地的血脉，将水源输送到广袤的田野，滋养了无数生灵。例如，都江堰、郑国渠等著名灌溉工程，不仅在当时有效地提高了农业生产效率，还为后世留下了宝贵的水利遗产。这些灌溉渠道的建设，充分考虑了地形、水文、气候等自然因素，体现了古代人民对自然规律的深刻认识和巧妙运用。

2. 古代水利工程智慧对现代水资源管理与生态环境保护的启发

古代水利工程，如同一座智慧的宝库，为现代水资源管理和生态环境保护提供了宝贵的经验。在现代社会，随着人口的增长和经济的发展，水资源短缺和生态环境恶化等问题日益凸显。如何合理利用和保护水资源，实现人与自然的和谐共生，成为了摆在面前的一项紧迫任务。古代水利工程在建设过程中，注重整体规划与长远考虑，强调人与自然的和谐相处，这一理念对于现代水资源管理具有重要的启示意义。应该在制定水资源管理政策时，充分考虑生态系统的整体性和长远性，避免过度开发和破坏水资源。同时，还应该借鉴古代水利工程的经验，注重水资源的节约和循环利用，提高水资源的利用效率。而在生态环境保护方面，古代水利工程也为其提供了有益的启示。例如，大运河在建设过程中，充分考虑了生态环境的保护和修复。这一做法对于现代生态环境保护具有重要的借鉴意义。应该在开发利用水资源的同时，重视生态环境的保护和修复工作，避免对生态环境造成不可逆转的破坏。

（三）传统农耕文化的智慧

1. 传统农耕文化中的环境保护智慧

中国传统的农耕文化，源远流长，其中蕴含着丰富的环境保护智慧。"轮作休耕"与农田水利，便是这座智慧宝库中的两颗璀璨明珠。这些古老的农耕实践，不仅体现了古人对自然的敬畏与顺应，更为今天应对环境挑战提供了宝贵经验。"轮作休耕"，是一种古老而有效的农耕方式。通过在不同季节、不同年份轮换种植不同的农作物，成功地保持了土壤的肥力和水分平衡。这种农耕方式，不仅避免了土壤因长期种植单一农作物而导致的养分流失和病虫害滋生，还通过农作物的轮换种植，实现了土壤养分的循环利用。同时，轮作还能有效减少农药和化肥的使用，减少了对生态环境的污染，保持了生态系统的平衡与稳定。而农田水利，则是传统农耕文化中另一项重要的环境保护实践。通过兴修水利设施，如灌溉渠道、水库、水塘等，成功地实现了对水资源的合理调配和利用。这些水利设施，不仅为农田提供了稳定的水源，还通过蓄水和排水系统，有效防止了洪涝和干旱等自然灾害对农田的破坏。

2. 有机农业与生态环境保护

传统农耕文化的智慧，不仅仅局限于轮作休耕和农田水利这些具体的农耕实践，更为重要的是它为现代人提供了一种与自然和谐共生的生态文明理念。在现代社会，随着生态环境的日益恶化，这种理念显得尤为重要和迫切。有机农业，便是传统农耕文化现代启示的典范。它强调在农业生产中，不使用或尽量少使用农药、化肥等化学物质，通过自然的农耕方式和生态平衡原理，来实现农作物的健康生长和高质高产。有机农业的实践，不仅有助于保护土壤和水资源，还能减少农药和化肥对生态环境的污染，维护生态系统的多样性和稳定性。而且，生态环境保护是一个系统工程，它不仅仅局限于农田本身，还涉及整个生态系统的保护和修复。因此，在进行农业生产时，必须充分考虑生态环境的整体性和长远性，避免对生态环境造成不可逆转的破坏。

三、传统文化中生态保护理念的现代应用

（一）绿色发展理念的提出

对传统文化中生态保护理念的继承具体有以下几个方面。

1. 传统文化中蕴含的生态保护思想

在漫长的历史长河中，中国传统文化以其深厚的底蕴和独特的视角，为现代人提供了丰富的智慧，其中生态保护理念便是其重要组成部分之一。古人强调"天人合一"的哲学思想，认为人与自然是和谐统一的整体，人类应

当顺应自然、尊重自然。这种思想体现在生活的各个方面,如在农耕文化中注重节气、顺应自然规律进行耕作;在居住环境中追求与自然的和谐共生,建造园林、庭院等与自然融为一体的生活空间。这些传统智慧不仅体现了古人对自然的敬畏和尊重,也为现代社会的绿色发展提供了重要的思想基础。

2. 绿色发展理念建立在传统文化生态保护思想之上

随着现代社会的发展,环境问题日益凸显,人们开始意识到环境保护的重要性,绿色发展理念的提出,正是对传统文化中生态保护理念的继承和发展。绿色发展理念强调资源的合理利用和环境的保护,以实现可持续发展。这种理念不仅继承了传统文化中尊重自然、顺应自然的思想,还融入了现代科技和管理手段,形成了更加科学、系统的环保体系。在绿色发展理念的指导下,现代社会开始注重资源的节约和循环利用。同时,人们也开始关注环境污染问题,采取各种措施减少污染物的排放。这些行动不仅有助于保护生态环境,也为人类社会的可持续发展奠定了基础。

(二) 生态文明建设的推进

1. 城市规划中的生态平衡与环境保护

在推进生态文明建设的征途中,城市规划作为塑造未来生活空间的关键环节,承载着实现人与自然和谐共生的重任。传统文化中的生态保护理念,为其提供了宝贵的思想资源和实践指导。在城市规划中注重生态平衡和环境保护,意味着要将自然视为城市的一部分,而非仅仅视其为背景或装饰。这要求在城市设计中融入生态系统的考量,比如保留自然水系、绿地和湿地,构建生态廊道和生物多样性保护区,以确保城市的生态功能得到维护和增强。同时,传统文化中"天人合一"的思想也启示,城市规划应追求人与自然的和谐相融,通过绿色建筑、低碳交通和可再生能源的利用,减少城市对环境的负面影响,实现城市的可持续发展。

2. 产业发展中的资源节约与循环利用

产业发展是现代社会经济活动的核心,也是生态文明建设中不可忽视的领域,传统文化中的节约观念和循环利用的实践智慧,为现代产业发展提供了重要的启示。在推进生态文明建设的过程中，必须转变传统的资源消耗型发展模式，走向资源节约型和环境友好型的道路。这要求在产业发展中注重资源的节约和循环利用，通过技术创新和产业升级，提高资源利用效率、减少废弃物产生。同时，借鉴传统文化中的"物尽其用"思想，鼓励产业的循环发展和废弃物的资源化利用，形成闭环经济模式。这样不仅能有效缓解资源短缺和环境压力，还能推动产业经济的绿色转型和可持续发展。

3. 文化建设中的生态智慧传承与弘扬

生态文明建设不仅仅是物质层面的变革，更是文化层面的深刻转型，传统文化中蕴含着丰富的生态智慧，这些智慧是今天推进生态文明建设的重要思想源泉。在文化建设中注重传承和弘扬传统文化中的生态智慧，意味着要将生态保护的理念和价值观融入现代社会的文化体系中。这要求深入挖掘传统文化中的生态思想，如"顺应自然""和谐共生"等，通过教育、媒体和公共活动等多种渠道，传播和推广这些思想，提高公众对生态文明建设的认识和参与度。同时，鼓励文化创意产业与生态保护相结合，创作出具有生态意识的文化产品，引导社会形成绿色、低碳的生活方式和消费模式。这样的文化建设，可以为生态文明建设提供强大的精神动力和文化支撑，实现传统与现代的和谐对话与共生发展。

第二节　传统文化对现代生态理念的塑造与影响

一、传统文化对现代生态理念的重塑

（一）传统文化与现代生态理念的交融

在千年的文化传承中，古人倡导的生活方式与现代生态理念不谋而合。其中，简约、自然的生活方式便是传统文化中的一大亮点，它不仅体现了古人对自然的敬畏与尊重，更与现代生态理念中的绿色生活方式产生了深刻的共鸣。古人虽然生活在一个资源相对匮乏的时代，但却凭借着对自然的深刻理解和敬畏之心，发展出了一套独特的生活方式，注重节约资源、减少浪费，通过精心安排和合理利用，使得每一分资源都得到了最大的发挥。这种生活方式不仅保证了他们的生存，更为他们带来了内心的宁静与满足。在现代社会，随着工业化、城市化的快速发展，人类的生活水平得到了极大的提高，但同时也对环境造成了严重的破坏。资源的过度消耗、环境的污染破坏，使得人类与自然的关系日益紧张。在这个背景下，绿色生活方式应运而生，它倡导人们回归自然、节约资源、减少污染，以实现人类与自然的和谐共生。传统文化中简约、自然的生活方式与绿色生活方式有着诸多相似之处。它们都强调节约资源、减少浪费，追求与自然和谐共生的生活方式。这种相似性不仅体现在理念上，更体现在具体的实践中。例如，传统文化提倡的"一粥一饭，当思来之不易；半丝半缕，恒念物力维艰"的思想，与现代绿色生活中的"减少消费、循环利用"的理念不谋而合。而且，传统文化中的绿色生活思想观为现代人们提供了宝贵的思想资源和实践指导，它提醒人们在追求舒适生活的同时，不能忽视对环境的保护和尊重，应该注重废物的分类、回收和利用，实现资源的循环利用和可持续发展。

（二）传统文化中的简约自然观与现代绿色生活的实践

在中华五千年的文明史中，简约、自然的生活方式被赋予了深厚的文化内涵和道德价值，古人通过自己的生活实践，展示了如何在有限的资源条件下，追求内心的宁静与满足，实现人与自然的和谐共生。在传统文化中，简约不仅是一种生活方式，更是一种生活哲学，追求的是简单而纯粹的生活，反对奢侈浪费和过度追求物质享受，认为只有简约才能带来真正的幸福和满足。这种思想在现代社会依然具有深远的意义。在物质丰富的今天，更应该反思自己的生活方式和价值观，避免陷入物质主义和享乐主义的泥潭。同时，传统文化也注重与自然和谐相处，尊重自然、顺应自然规律，追求与自然和谐共生的生活方式。这种思想在现代绿色生活中得到了充分的体现。现代社会，面临着严重的环境问题，如空气污染、水污染、土地沙漠化等，要解决这些问题，就需要采取绿色生活方式，减少污染、保护环境。具体而言，需要从日常生活的点滴做起，节约用水、用电、用气等资源，减少对环境的影响。例如，可以选择乘坐公共交通或骑自行车出行，减少汽车尾气的排放；可以选择使用环保袋、减少使用一次性餐具等，减少塑料污染；还可以选择购买绿色产品、支持绿色企业等，推动绿色产业的发展。此外，还可以借鉴古人的智慧，将简约、自然的生活方式融入日常工作和学习中。例如，可以采取简单有效的工作方法，减少资源的浪费；可以选择阅读纸质书籍而不是电子书籍，减少电子垃圾的产生；还可以选择参加户外活动、亲近自然等，感受大自然的美丽和神奇。

二、传统文化对现代生态理念的影响

（一）传统文化的生态消费观

在传统文化中，节约资源是一种重要的生态消费观。古人认为自然界的资源是有限的，因此应该珍惜每一分资源，避免浪费。这种节约资源的观念体现在古人的日常生活生产方式、社会制度等各个方面。例如，在用餐时，会尽量吃完碗里的食物，避免浪费粮食；在制造物品时，会选择耐用、可循环的材料，以减少对资源的消耗。在现代生态理念中，节约资源也被视为一种重要的价值观，强调人类应该通过技术创新、制度创新等方式来提高资源的利用效率，实现可持续发展。

（二）传统文化的生态责任观

除了节约资源，传统文化还强调保护环境。古人认为自然环境是人类生存的基础，因此应该尽力保护环境的清洁和美丽。这种保护环境的观念体现在古人的环境卫生、植树造林、水土保持等各个方面。例如，在居住时，会注重环境的整洁和卫生，避免垃圾和污水的随意排放；在植树造林时，会选择适合当地环境的树种，以确保树木的生长和森林的稳定。在现代生态理念中，保护环境也被视为一种重要的责任观，强调人类应该通过宣传、教育等方式来加强环境保护工作，确保自然环境的健康和稳定。

三、传统文化在现代生态理念中的传承与创新

（一）传统文化的生态智慧与现代价值的融合

1. 传统文化生态智慧的现代价值

（1）提供生态理念的思想资源

在现代社会，传统文化中的生态智慧为日益严峻的生态问题提供了丰富的思想资源。这些智慧根植于古代先民对自然的深刻洞察与长期实践，蕴含着顺应自然、尊重生命等核心理念。它们不仅揭示了人与自然相互依存、和谐共生的本质关系，还为现代生态理念提供了深厚的哲学基础。通过挖掘和传承这些智慧，我们能够更加全面地理解自然规律，认识自然资源的有限性和生态系统的重要性，进而形成更加科学、合理的生态保护观念。这种观念转变对于指导现代社会的可持续发展、推动生态文明建设具有重要意义。

（2）增强文化自信与自主创新能力

传统文化中的生态智慧不仅是宝贵的思想财富，更是传统文化中的精髓。在面对生态环境挑战时，深入挖掘和传承这些智慧，能够让人们更加自信地提出符合本国国情的解决方案，而不是简单地模仿或跟随他人。这种文化自信不仅体现在对传统文化的认同与尊重上，更体现在面对问题时能够独立思考、勇于创新的能力上。通过传承与创新相结合，我们不仅能够有效解决生态问题，还能在国际舞台上展现出独特的文化魅力和生态治理智慧，为推动全球生态文明建设贡献中国方案和中国力量。

2. 传统文化生态智慧在现代社会的体现

（1）生态农业与可持续发展

在现代社会，农业生产的可持续发展成为了重要的议题。面对资源紧张和环境污染的双重挑战，人们开始重新审视并借鉴传统文化中的生态农业智慧。古代农耕技术中的耕作方式、土地利用和生物防治等理念，为现代农业提供了宝贵的启示。传统农耕技术主张与自然和谐共生，现代农民在耕作过程中，开始注重减少化肥和农药的使用，采用更加环保的耕作方式，如轮作、

间作等，以提高土壤的肥力和生态稳定性。这种耕作方式不仅保护了生态环境，还提高了农产品的品质和产量。而且，在古代，农民通过观察自然生态，利用生物之间的相互作用来防治病虫害。现代农民也开始借鉴这种智慧，采用生物农药、天敌防治等生物防治手段，以减少化学农药的使用，保护生态环境和生物多样性。通过借鉴和应用传统文化中的生态农业智慧，现代农业不仅实现了可持续发展，还为生态环境保护做出了贡献。这种智慧的应用不仅提高了农产品的品质和产量，还促进了农村经济的繁荣和发展。

（2）城市规划与生态宜居

在现代城市规划中，传统文化中的生态理念得到了广泛的应用，一些城市开始注重保护自然生态系统，打造绿色宜居的城市环境，这些城市在规划过程中注重生态平衡和可持续发展，通过增加绿地面积、建设生态公园等方式，提高城市的生态环境质量。同时，还注重保护城市周边的自然生态系统，如森林、湿地等，以维护城市的生态平衡。而且，部分城市还注重将城市的文化建设与生态建设相结合，通过建设文化街区、保护历史建筑等方式，传承和弘扬传统文化。这种结合不仅提升了城市的文化底蕴，还增强了市民的文化认同感和归属感。通过借鉴和应用传统文化中的生态理念，现代城市规划不仅注重城市的经济发展和社会进步，还关注城市的生态环境和文化建设。这种理念的应用使得城市变得更加宜居、和谐和美好。

3. 传统文化生态智慧传承与创新的方法

（1）跨学科整合与深入研究

传承与创新传统文化生态智慧的首要任务是进行跨学科的整合与深入研究。这要求研究者不仅要精通传统文化的精髓，还需要具备现代生态学、环境科学等领域的专业知识。通过跨学科的合作与交流，传统文化中的生态智慧与现代科学理论相结合，探索其在现代社会中的实际应用价值。在这一过程中，需要系统地挖掘和整理传统文化中关于生态保护的智慧，如农耕文明中的轮作休耕制度、建筑风水学中的生态布局等，并对其进行科学验证与理论升华。同时，借助现代科技手段，如大数据分析、遥感监测等，对生态系统的变化进行精准评估，为传统文化的生态智慧提供科学依据和实证支持。

（2）多元化推广与创新性应用

在传承与创新传统文化生态智慧的过程中，多元化推广与创新性应用同样不可或缺。教育领域是传播生态智慧的重要阵地，应将传统文化的生态智慧融入课程体系，通过生动有趣的教学方式，让学生从小培养对自然的敬畏之心和环保意识。同时，媒体作为连接公众与传统文化的重要桥梁，应积极宣传报道传统文化的生态智慧，通过专题节目、纪录片等形式，提高公众的认知度和认同感。在创新性应用方面，可以探索将传统文化生态智慧与现代科技手段相结合的新路径，如开发基于传统文化的生态设计产品、推广绿色生活方式等，让传统文化生态智慧在现代社会中焕发新的生机与活力。此外，还应鼓励社会各界参与传统文化的生态智慧传承与创新活动，形成全社会共同关注、共同参与的良好氛围。

（二）传统文化的生态理念与现代社会的融合发展

1. 传统文化生态理念与现代社会发展需求的契合点

（1）人与自然和谐共处的共同追求

在现代社会，随着工业化和城市化的快速发展，生态问题日益凸显，资源枯竭、环境污染等问题成为了人们关注的焦点。在这样的背景下，人们开始重新审视人与自然的关系，并寻求实现人与自然的和谐共处。这一追求与传统文化中的生态理念不谋而合。传统文化中的生态理念强调尊重自然、顺应自然，主张人与自然的和谐共生，其倡导人们要尊重自然规律、合理利用自然资源、保护生态环境，以实现可持续发展。这种思想与现代社会追求人与自然和谐共处的理念高度契合。在现代社会中，随着人们生态意识的不断提高，越来越多的人开始关注环境保护和可持续发展问题。他们开始反思传统的生产方式和生活方式，并寻求更加环保、可持续的发展路径。而传统文化中的生态理念正好为现代社会提供了有益的借鉴和启示。学习和借鉴传统文化中的生态理念，可以更好地认识到人与自然的关系，理解自然规律的重要性，从而更加珍惜自然资源，保护生态环境。同时，也可以从中汲取智慧，探索更加环保、可持续的发展方式，为现代社会的可持续发展做出贡献。

（2）文化传承与创新的共同需求

传统文化中的生态理念是古代先民智慧的结晶，它蕴含着丰富的生态思想和价值观念，这些思想和观念对于现代社会的发展具有重要的启示意义。随着时代的变迁和社会的发展，传统文化也面临着传承与创新的双重挑战。一方面，传统文化需要得到传承和弘扬，它是我国文化根脉，需要通过教育、宣传等多种方式，让更多的人了解和认识传统文化，从而传承和弘扬其中的优秀思想和价值观念。另一方面，传统文化也需要不断创新和发展。随着社会的变化和时代的进步，传统文化也需要与时俱进，不断吸收新的思想和文化元素，以适应现代社会的需求。在生态理念方面，可以将传统文化与现代科技相结合，探索出更加环保、可持续的发展方式；也可以将传统文化中的生态思想与现代社会的发展需求相结合，提出更加符合实际、具有可操作性的解决方案。通过传承与创新相结合的方式，可以更好地发挥传统文化在现代社会中的作用和价值，为社会的可持续发展提供有力的文化支撑。

2. 传统文化生态理念在现代社会的应用与推广

（1）跨学科研究与教育推广的双向驱动

在现代社会中有效应用和推广传统文化生态理念，跨学科研究是不可或缺的一环，通过结合现代生态学、环境科学等多学科视角，可以深入挖掘传统文化生态理念的内涵与价值，为其在现代社会的应用提供科学依据。同时，教育推广是普及这些理念的重要途径。例如，将传统文化生态理念融入学校课程体系，通过生动的教学案例和实践活动，培养年轻一代的环保意识和可持续发展观念。此外，还可以利用媒体平台广泛传播传统文化生态智慧，通过举办讲座、展览等活动，提高公众对传统文化生态理念的认知度和接受度，形成全社会共同参与的良好氛围。

（2）创新发展与深度融合的实践探索

传统文化生态理念要在现代社会焕发新生，就必须结合实际需求进行创新发展。这意味着要借鉴现代科技成果和先进理念，对传统生态智慧进行现代化解读和重构，赋予其新的时代内涵。例如，利用大数据、人工智能等技术手段，优化传统农业生态模式，提升资源利用效率；结合现代设计理念，打造既体现传统文化韵味又符合环保要求的建筑作品。同时，推动传统文化生态理念与现代社会的各个领域深度融合，如城市规划、绿色能源、生态旅游等，通过具体实践项目展示其实际应用效果，促进传统文化生态理念在现代社会中的广泛认可与应用推广。这种实践探索不仅有助于传统文化的传承与发展，也为现代社会的可持续发展提供了新的思路与路径。

第三节　传统文化中的环境观念与可持续发展

一、传统文化中的环境思想与观念

（一）传统文化中的环境哲学

1. 人与自然的和谐共处

在古代，人们便认识到自然是人类的生存之源，也是人类文明的摇篮。尊重自然，敬畏自然，认为人类应当顺应自然规律，与之和谐共生。这种思想体现在诸多古代文献和典籍中，如《周易》所言："天行健，君子以自强不息；地势坤，君子以厚德载物。"这句话便体现了古人对自然规律的尊重和对人与自然和谐共处的追求。在传统文化中，人与自然的和谐共处不仅是一种哲学思想，更是一种生活方式。古人提倡"天人合一"的观念，即人类与自然是一个整体，相互依存、相互影响。在这种观念下，人们注重保护自然环境，避免过度开发和破坏，提倡节约资源，反对浪费，以维护生态平衡和可持续发展。随着工业化和现代化的快速发展，环境问题日益严重，资源短缺、生态破坏等问题层出不穷。传统文化中的环境哲学提供了一种解决之道，即注重人与自然的和谐共处，实现可持续发展。现代人们应该借鉴古人的智慧，尊重自然规律，保护生态环境，以实现人与自然的和谐共生。

2. 注重生态文明建设

生态文明建设是一个复杂的系统工程，涉及经济、文化等多个方面。在传统文化中认为自然环境的稳定和良好是人类生存和发展的基础。因此，古人采取了一系列措施来保护生态环境，如植树造林、保护水源、防止水土流失等，这些措施不仅维护了生态平衡，也为后人留下了宝贵的生态财富。而且，古人认为资源是有限的，过度开发和浪费会导致资源枯竭和生态破坏。因此，古人提倡节约资源、合理利用资源，以实现资源的可持续利用。这种思想在当今社会依然具有重要意义，人们应该树立节约资源的意识，推动资源的合理利用和循环利用。并且，生态文化是人类文明的重要组成部分，应该得到传承和弘扬，因而古人通过诗词歌赋、绘画艺术等多种形式来表达对生态环境的热爱和敬畏之情。这种生态文化的传承和弘扬不仅丰富了人类的精神世界，也为生态文明的建设提供了精神动力。

（二）顺应自然是传统文化中环境观念的核心思想

1. 顺应自然的农耕技术

在古代农耕文明中，顺应自然的观念犹如一盏明灯，指引着农耕技术的发展方向。古人通过观察天象、研究土壤和气候等自然条件，不仅积累了丰富的农耕经验，还形成了一套科学而独特的农耕技术。在古代农耕社会中，农民深知"春生夏长，秋收冬藏"的自然规律，根据天象的变化，如日月星辰的运行、季节的更替等，来决定农作物的播种、耕作和收获时间。这种对天象的敏锐观察和顺应，使得农业生产能够遵循自然节律，实现最佳的生长效果。同时，土壤是农作物生长的基础，因此农民采取了一系列措施来保护土壤肥力。例如，通过轮作休耕的方式，让土地得到充分的休息和恢复；采用有机肥料，如农家肥、绿肥等来补充土壤养分，提高土壤肥力。这些措施不仅保护了土壤，还提高了农产品的产量和质量。

此外，农耕技术还注重农作物的病虫害防治，通过观察病虫害的发生规律，采用物理防治、生物防治等自然方法，有效地减少了化学农药的使用，保护了生态环境。这种顺应自然的病虫害防治方法，不仅减少了农药对环境的污染，还提高了农产品的安全性和品质。这些顺应自然的农耕技术，不仅提高了农产品的产量和质量，还保护了生态环境，实现了人与自然的和谐共生。这种农耕技术不仅在当时具有重要意义，而且对现代农业生产技术也产生了深远的影响。

2. 顺应自然思想对于现代农业生产技术的影响

在现代社会中，顺应自然的思想对于农业生产技术的发展产生了深远的影响。这种思想被广泛应用于生态农业、林业管理等领域，推动了生产活动的可持续发展。在生态农业中，人们借鉴古代顺应自然的智慧，采用生物防治、有机施肥等手段，减少了对化学农药和化肥的依赖。利用生物天敌、微生物制剂等自然手段来控制病虫害，既减少了对环境的污染，又提高了农产品的品质和安全性。同时，采用有机肥料和生物肥料来补充土壤养分，既保护了土壤肥力，又提高了农产品的营养价值。此外，在林业管理中，人们也注重顺应自然的思想。他们通过植树造林、保护森林等方式，增加了森林面积和生物的多样性。同时，他们还注重森林的可持续利用，通过科学采伐、合理经营等手段，实现了森林资源的永续利用。而且，在城市规划中，人们注重保护自然环境和生态空间，通过建设生态公园、绿化带等方式，增加了城市的绿化面积和生态功能。在水资源管理中，人们注重水资源的节约和保护，通过推广节水灌溉、雨水收集利用等技术，减少了水资源的浪费和污染。

（三）注重生物、植物等保护

1. 倡导保护野生动物、植物等生命体

在璀璨多姿的传统文化中，对生命的尊重与敬畏之心熠熠生辉。这种对生命的敬畏并非仅限于人类，而是延伸至自然界中的每一分子，包括野生动物、植物等生命体。传统文化思想中认为所有生命体都是自然生态系统中不可或缺的一部分，它们与人类之间存在着千丝万缕的联系。保护野生动物、植物等生命体不仅是对自然法则的遵循，更是对生命的尊重和爱护，应视动物为自然之子，将植物视为生命的象征，倡导保护这些生命体，反对任何形式的捕杀、砍伐和破坏生态平衡的行为。这种尊重生命的观念在传统文化中得到了广泛的传承和弘扬。许多古代文献和典籍都记载着古人对生命的敬畏和爱护之情。例如，在《诗经》中，可以看到古人对自然美景的赞美和对生命的热爱；在《礼记》中，可以了解到古人在祭祀活动中对生命的尊重。在

现代社会，随着人类活动的不断扩张和环境污染的日益加剧，野生动物、植物等生命体面临着前所未有的威胁。因此，需要更加深入地理解和传承传统文化中的尊重生命观念，积极倡导保护野生动物、植物等生命体，维护生态平衡和生物多样性。

2. 关注生物多样性保护以及野生动植物资源合理利用

在现代社会中，生物多样性保护和野生动植物资源的合理利用已成为人们关注的焦点。这一观念的形成，正是基于传统文化中尊重生命和关注生态平衡的思想。生物多样性是自然生态系统的核心，它包含了地球上所有的生命形式和物种。保护生物多样性对于维护生态平衡、促进人类社会的可持续发展具有重要意义。同时，野生动植物资源也是人类生存和发展的重要基础，而在现代社会中，由于过度开发和不合理利用，野生动植物资源面临着严重的威胁。因此，人类需要关注野生动植物资源的合理利用问题，推动可持续发展和生态文明建设。在传统文化中，尊重生命的观念为现代人们提供了一种全新的价值判断标准。它让人们重新审视了人类与自然的关系，认识到了人类与自然是相互依存、相互影响的。因此，应该尊重自然、顺应自然规律，以更加和谐的方式与自然相处。

（四）节用厚生

1. 节用厚生的生活理念

在传统文化中，节用厚生的生活理念是一种深入人心的价值观念，它强调在生活中要珍惜并合理利用自然资源，反对浪费和奢侈的行为。这种生活理念在古代社会中得到了广泛的实践和应用，并形成了独特的节约文化。而自然资源是有限的，人类应该珍惜并合理利用这些资源。因此，传统文化中的环境思想观念倡导节约用水、用电、用粮等生活理念，反对任何形式的浪费和奢侈。这种节用厚生的生活理念不仅体现了对自然资源的尊重和保护，也反映了古人对生命和未来的深刻思考。在现代社会，随着人类活动的不断扩张和资源消耗的日益加剧，节约资源、保护环境已成为全球性的议题。这就需要我们更加深入地理解和传承传统文化中的节用厚生理念，将其融入到日常生活中去。应该从自身做起、从点滴小事做起，养成节约资源、保护环境的好习惯。同时，也应该积极倡导这种生活理念，让更多的人加入到节约资源、保护环境的行动中来。

2. 节用厚生观念的现代实践

节用厚生，作为一种古老的生活哲学，其核心在于倡导节约使用资源，以实现生活的富足与社会的可持续发展。这一观念在现代社会依然具有深远的实践意义，尤其是在城市规划与建筑设计领域得到了充分体现。在城市规划中，节用厚生的理念引导着设计师和规划者注重保护自然生态系统，通过增加城市绿地面积、构建生态廊道等措施，提升城市的生态承载力，为居民提供更加宜居的环境。同时，城市规划还强调土地的集约利用，避免过度开发，确保城市发展与自然环境的和谐共生。在建筑设计领域，节用厚生的观念同样发挥着重要作用。设计师们倾向于采用节能环保的材料和技术，如太阳能光伏板、雨水收集系统、绿色建筑材料等，以减少建筑物的能耗和碳排放。同时，建筑设计也应注重自然采光、通风等，以降低对人工照明和空调系统的依赖，创造更加健康、舒适的生活环境。

二、传统生活实践中的可持续发展观念

（一）农业生产的可持续性

在中国悠久的农业历史中，农业生产不仅是为了满足人们的生存需求，更是在长期的实践中形成了独特的可持续性发展理念。传统的农业生产方式强调土地的合理利用与保护，通过轮作和休耕制度，有效维护了土壤肥力，避免了因连续耕作导致的土地退化。轮作制度使得不同类型的农作物得以交替种植，有助于土壤养分的均衡分布和病虫害的自然控制，而休耕则是让土地得到必要的休整，恢复其生态功能。此外，传统文化中的环境哲学思想还注重农业生产中有机肥料的使用，如人畜粪便、植物残渣等，这些天然肥料不仅能滋养土地，还能促进土壤微生物的多样性，从而构建健康的土壤生态系统。生物防治也是传统农业的一大特色，通过利用天敌控制虫害、种植具

有驱虫作用的植物等方式，减少了化学农药的使用，维护了农田的生物多样性。这些传统的农业生产实践，不仅确保了长期的粮食安全和农业生产的可持续性，也为现代农业生产提供了宝贵的经验。在现代农业技术快速发展的背景下，结合传统智慧，发展生态农业，推广精准农业技术，是实现农业可持续发展的重要途径。

（二）节能减排的生活习惯

古代社会的生活习俗中，蕴含着丰富的节能减排智慧，强调人们在日常生活中形成节约粮食、用水和能源的好习惯。例如，在饮食方面，通过合理的饮食安排，避免食物浪费；在用水方面，采用雨水收集、循环利用等技术，有效节约了水资源；在用火取暖和烹饪时，也注重火力的控制和余热的利用，减少了能源的消耗。这些节能减排的生活习惯，不仅体现了对自然环境的尊重和保护，也降低了生活对环境的影响。在现代社会，面对资源约束趋紧、环境污染严重的挑战，重新审视并借鉴这些传统习惯显得尤为重要。倡导简约适度的生活方式，推广节水节能产品，鼓励公众参与节能减排行动，是实现绿色发展、构建生态文明社会的关键。

三、传统文化中的环境观念与可持续发展的联系

（一）生态观念的继承与发展

1. 生态观念的深刻内涵

在传统文化中，生态观念蕴含着深厚的内涵，不仅指导了古代人与自然的关系处理，也为现代可持续发展提供了宝贵的思想资源。传统文化中的"用养结合"思想体现了对自然资源的珍惜与合理利用。古代先贤们认识到自然资源并非取之不尽、用之不竭，因此主张在利用资源的同时要注重养护，以确保资源的可持续利用。这一思想对于现代可持续发展仍具有重要意义。在资源短缺和环境污染已成为制约经济社会发展的情况下，需要继承"用养结合"的生态智慧，推动形成绿色、低碳、循环的发展方式，实现经济社会

发展与生态环境保护的双赢。一方面，需要加强生态环境保护教育，将古代生态智慧融入现代教育体系之中，培养人们的生态意识和环保责任感；另一方面，鼓励社会各界参与生态环境保护事业，形成企业主体、公众参与的生态治理格局。

2. 发掘古代生态实践，推动可持续发展创新

传统文化中不仅蕴含了丰富的生态伦理思想，还留下了许多宝贵的生态实践智慧。这些实践智慧不仅在当时有效地保护了自然环境，也为现代可持续发展提供了可借鉴的经验和模式，如古代农业生产中的轮作休耕制度就是一种典型的可持续农业实践。"轮作休耕制度"既保证了土地的肥力又减少了化肥和农药的使用量，实现了农业生产的可持续发展。在现代农业中，可以借鉴"轮作休耕"制度的经验，推广生态农业、有机农业等可持续农业模式，减少化肥农药的使用量，保护农田生态系统健康稳定。而且，古代城市往往依山傍水而建，充分利用了自然地形地貌进行布局规划，建筑设计中则注重通风采光、冬暖夏凉等生态功能的实现。这些实践智慧对于现代城市规划和建筑设计具有重要的影响，现代设计师可以借鉴古代城市的生态规划理念和方法手段，推动现代城市向绿色、低碳、生态方向发展，同时也可以在建筑设计中融入更多的生态元素和技术手段，提高建筑的能效和资源利用效率。为了有效发掘和转化这些生态实践智慧，应加强跨学科的研究与合作。一方面，需要历史学、哲学、生态学等多学科的专家学者共同参与研究探讨古代生态实践智慧的科学内涵和现实意义；另一方面，需要工程技术领域的专家学者将古代生态实践智慧与现代科技手段相结合进行创新实践和应用推广，从而推动生态环境保护事业的可持续发展。

（二）文化习俗对于资源消耗的抑制

1. 基于文化习俗的资源消耗抑制

在漫长的历史长河中，人类创造了丰富多彩的文化习俗。这些习俗不仅塑造了独特的社会风貌，还在很大程度上影响了人们的消费观念和行为模式。其中，不少文化习俗体现了对资源消耗的抑制，它们通过代代相传的方式，

让节约资源、保护环境的理念深入人心。在古代农耕社会，人们形成了许多与农业生产息息相关的文化习俗。例如，在播种季节，农民会举行各种祭祀活动，祈求风调雨顺、五谷丰登。这些活动不仅寄托了他们对美好生活的向往，也体现了对自然资源的敬畏和珍惜。在农作物的种植过程中，农民遵循着"春耕、夏耘、秋收、冬藏"的自然规律，合理安排农事活动，既保证了农作物的正常生长，又减少了对土地资源的过度开发。此外，一些地区还形成了"休耕""轮作"等耕作制度，通过合理安排农作物的种植顺序和周期，有效保护了土壤肥力和生态平衡。在日常生活中，传统文化也强调"勤俭节约"的美德。这种美德不仅体现在对食物的珍惜上，还贯穿于人们生活的方方面面。例如，在饮食文化方面，人们讲究"食不厌精、脍不厌细"，追求食物的精细和口感，但同时也强调"量入为出""剩菜剩饭不浪费"的节俭原则。在服饰方面，人们注重衣物的实用性和耐用性，提倡"新三年、旧三年、缝缝补补又三年"的节约观念。这些文化习俗不仅体现了人们对资源的珍视和节约，也培养了人们的环保意识和责任感。而在现代社会中，随着经济的发展和人口的增长，资源消耗和环境问题日益凸显，但传统文化中的这些资源节约习俗仍然具有重要的现实意义。它们提醒我们，在享受现代文明带来的便利和舒适的同时，也要关注资源的有限性和环境的脆弱性。借鉴和传承这些传统习俗的精神，可以更好地践行节约、简约与环保的生活方式，为可持续发展贡献自己的力量。具体来说，可以在日常生活中采取一些实际行动来抑制资源消耗。例如，在购物时选择环保材料包装的产品，减少一次性塑料制品的使用；在餐饮方面，适量点餐、避免浪费食物；在出行方面，选择公共交通、骑行或步行等低碳出行方式；在居住方面，注重节能节水、减少能源和水资源的浪费。这些看似微小的改变，实际上都能对降低能耗产生积极的影响。

2. 传统文化中的资源节约习俗蕴含生态环境保护理念

在传统文化中，除了直接体现资源节约的习俗，还蕴含着许多对生态环境保护的理念。这些理念不仅指导着人们的日常行为，也反映了人类与自然和谐相处的智慧。它提醒人们要尊重自然、顺应自然规律，而不是过度开发和破坏自然。这种思想体现在人们的日常生活中，就是要求人们关注自然环境的保护，减少对自然资源的消耗和破坏。而且，强调人类应该顺应自然的发展规律，不强制干预自然的进程。这种思想在农业生产中得到了充分体现，如休耕、轮作等耕作制度就是顺应自然规律、保护土地资源的典型例子。此外，在传统文化中还有许多关于环保的谚语和格言，如"滴水成河、粒米成箩""取之有度、用之有节"等。这些谚语和格言以简洁明了的语言表达了节约资源、保护环境的理念，成为指导人们行为的重要准则。在现代社会，可以从传统文化中汲取这些环保理念，将其融入自己的生活方式中。通过关注自然环境的保护、减少资源的消耗和浪费、推广绿色生活方式等措施，可以为实现可持续发展贡献自己的力量。同时，这些传统习俗和理念也有助于培养人们的环保意识和责任感，让更多的人加入到保护环境的行列中来。

（三）文化符号的宣传与教育

1. 文化符号的深层寓意

在环境保护与可持续发展的宏大议题下，传统文化符号以其独特的魅力和深厚的文化底蕴，成为了连接过去与未来、激发公众环保意识与情感共鸣的桥梁。鱼和鸟作为中国传统文化中常见的自然元素，不仅承载着丰富的象征意义，还蕴含着人与自然和谐共生的哲学思想。鱼，在中国文化中常被视为富足、繁荣的象征，同时，它作为水生生物的代表，也直接关联到水资源的保护与生态平衡。通过宣传画、公益广告等形式，将鱼的形象与清澈的水源、丰富的水生生态系统相结合，可以直观地向公众传达保护水资源、维护水生生物多样性的重要性。这样的宣传不仅传递了科学的环境保护知识，更激发了公众对美好自然环境的向往和珍惜之情，促使人们从内心深处萌发出保护环境的责任感。而鸟，则是自由、和平的象征，它们在蓝天翱翔的身影，让人联想到广阔无垠的自然世界和人与自然的和谐共处。利用鸟的形象宣传保护森林、湿地等自然生态系统，可以引起公众对生态环境破坏问题的关注，激发人们保护鸟类栖息地的意识。同时，鸟类的迁徙、觅食等行为，也是自然界生态平衡的重要一环，通过宣传这些生态现象，可以让公众更加深刻地理解生物多样性的价值和环境保护的紧迫性。为了更有效地利用文化符号进行环保宣传与教育，需要不断创新宣传方式和手段。比如，结合现代科技手段，如虚拟现实（VR）、增强现实（AR）等，让公众身临其境地感受自然之美和环境破坏之痛；通过故事化、情感化的叙事方式，将文化符号背后的环保理念深入人心。此外，还可以开展一系列以文化符号为主题的环保活动，如观鸟摄影比赛、鱼类保护知识讲座等，吸引更多的人参与到环保行动中来。

2. 教育中的文化符号融入

教育是培养环保意识、传承环保理念的重要途径，将传统文化符号融入环保教育中，不仅能够丰富教学内容、提升学生的学习兴趣，还能够潜移默化地培养学生的环保意识和责任感。在基础教育阶段，可以将鱼和鸟等文化符号作为环保教育的切入点，通过讲述相关传说故事、展示生动的图片和视频资料等方式，引导学生了解这些符号背后的环保意义。同时，还可以组织学生进行实地考察和实践活动，如参观自然保护区、参与植树造林等，让学生亲身体验环境保护的重要性和紧迫性。通过这些活动，学生可以更加直观地感受到自然之美和环境保护的必要性，从而树立起正确的环保观念和行为习惯。在高等教育阶段，则可以进一步深入探讨文化符号与环境保护之间的关系。例如，在环境科学、生态学等相关专业的课程中，可以引入文化符号作为案例分析的对象，探讨这些符号是如何反映人类对自然的认知与态度变化，以及如何在现代社会中发挥其环保宣传与教育的作用。同时，还可以鼓励学生结合所学专业知识进行创新性研究和实践探索，如开发基于文化符号的环保宣传材料、设计具有环保教育功能的文化产品等，为环保事业贡献自己的力量。通过在教育体系中全面融入传统文化符号的环保元素，可以培养出一代又一代具有强烈环保意识和责任感的公民，使之成为推动社会可持续发展、保护地球家园的重要力量。

第四章　传统文化视角下的当代环境可持续发展模式

第一节　当代环境可持续发展模式中的传统文化要素

一、节约与循环利用的资源观念

（一）节约与循环利用资源的传统观念

1. 轮作休耕的智慧

（1）轮作

在中国悠久的农耕文明史中，节约与循环利用资源的观念早已深入人心，并具体体现在农业生产的方方面面。轮作休耕制度，作为这一观念的生动实践，不仅展现了古人对土地资源深刻的理解与尊重，更是对现代农业可持续发展的重要启示。而轮作，即在同一块土地上按照一定顺序轮换种植不同种类的农作物，这种种植方式背后蕴含着深刻的生态智慧。首先，轮作有助于改善土壤结构，防止土壤板结和肥力下降。不同农作物对土壤养分的吸收和利用存在差异，通过轮换种植，可以均衡地利用土壤中的各类营养元素，避免单一农作物连续种植导致的养分耗竭。其次，轮作还能有效抑制病虫害的发生。由于病虫害往往对特定农作物有偏好，轮换种植可以减少病虫害的积累、降低农药使用量，保护生态环境。最后，轮作还能提高土地的综合生产能力，通过种植不同季节的农作物，实现土地资源的最大化利用，确保粮食的稳定供应。

（2）休耕

休耕则是轮作制度中不可或缺的一环。在古代，人们已经意识到土地需要休息与恢复，因此会定期让土地闲置一段时间，不进行任何耕种活动。在休耕期间，土地得以进行自我修复，有机质逐渐积累，土壤结构得到改善，为下一轮耕作打下坚实的基础。这种看似"浪费"的做法，实则是对土地资源长远利益的考虑，体现了古人深邃的生态伦理观。同时，农民也可以利用休耕期间进行农田基础设施建设、改良土壤等工作，为以后的丰收做准备。

2. 细微之处的美德传承

（1）家庭生活的精打细算

在古代家庭中，勤俭节约是每一位成员都必须遵循的美德。从日常饮食到衣物穿戴，从家居布置到日常用品的选择，无一不体现着节约的精神。在饮食上，古人讲究"量入为出"，根据家庭的经济状况合理安排膳食，既保证营养充足又不浪费粮食。在衣物上，则提倡"新三年，旧三年，缝缝补补又三年"，通过修补旧衣物来延长其使用寿命。此外，在家庭用品的选择上，古人也倾向于实用、耐用，而非华而不实之物，以减少不必要的开支和浪费。

（2）废物利用

在家庭生活中产生的各种废弃物，如厨余垃圾、破旧衣物、废旧器具等，在古人手中都能变废为宝。例如，厨余垃圾可以被收集起来作为肥料用于农田施肥；破旧衣物可以被拆解成布料碎片用于缝补其他衣物或制作鞋垫、抹布等日常用品；废旧器具则可以通过修补或改造继续发挥其使用价值。这些废物利用的实践不仅减少了资源的浪费还培养了人们的创新思维和动手能力，更重要的是它们传递了一种积极向上的生活态度，即无论环境如何艰难都要保持乐观向上、自强不息的精神风貌。

（二）节约与循环利用资源在现代环境可持续发展中的意义

随着资源短缺和环境问题的日益凸显，节约与循环利用资源成为了现代环境可持续发展模式中的关键要素。这一模式强调在追求经济社会发展的同时，必须注重资源的节约和循环利用，以缓解资源短缺、减轻环境压力。在这一背景下，中国传统文化中的节约与循环利用资源思想显得尤为重要。它不仅为现代环境可持续发展提供了深厚的文化底蕴，而且为实际工作中的资源管理与利用提供了有益的借鉴和启示。通过提高资源利用效率、降低资源消耗强度，可以实现经济社会的可持续发展，为子孙后代留下更多的生存空间。

（三）节约循环利用资源的传统观念与生态经济学的结合

生态经济学作为一门研究经济发展与生态环境之间相互关系的学科，强调在经济发展过程中要注重生态平衡与资源节约。在这一框架下，中国传统文化中的节约与循环利用资源思想得到了进一步的发掘和深化。这一思想为生态经济学提供了丰富的理论资源和实践经验，使得生态经济学在解决资源短缺和环境问题方面更具针对性和实效性。同时，通过生态经济学的理论研究和实践探索，也可以更好地理解和运用中国传统文化中的节约与循环利用资源思想，为实际工作中的资源管理与利用提供更加科学、合理的指导。这种结合不仅有助于推动生态经济学的学科发展，也有助于推动环境可持续发展模式的深入实施。

二、正确的环境价值观

（一）生态平衡的农业实践与道德责任

1. 绿色农业的核心理念

绿色农业，作为现代农业发展的重要方向，其核心理念在于追求农业生产与生态环境的和谐共生。这一理念的核心是生态平衡与环境保护，它摒弃了传统农业中过度依赖化肥、农药等化学物质的弊端，转向了一种更加生态、环保、可持续的生产方式。在绿色农业中，人们通过推广有机耕作、生物防治等生态友好的农业技术，来减少农业生产对环境的负面影响。这些技术不仅有助于保持土壤的肥力和水资源的清洁，还能有效防治病虫害，提高农产品的产量和品质。同时，绿色农业还强调农业生态系统的稳定性，通过种植多样化的农作物和养殖多样化的动物，来维护农田生态系统的平衡和稳定。而且，绿色农业的核心理念也体现在对经济效益、生态效益和社会效益的和谐统一上。在追求经济效益的同时，绿色农业注重生态效益的维护，通过减少化学物质的使用，降低对环境的污染和破坏。同时，绿色农业还关注社会效益的提升，为消费者提供更加健康、安全的食品，保障人民的健康权益。并且，绿色农业的核心理念不仅是一种农业生产方式的转变，更是一种生活方式的变革。它鼓励人们关注环境保护、关注食品安全、关注生态健康，倡导一种与自然和谐共生的生活方式。这种生活方式不仅能够提高人们的生活质量，还能够为子孙后代留下一个更加美好的生态环境。

2. 道德责任与绿色生产

道德责任是人类社会发展的重要基石，它要求人们在利用自然资源、满足自身需求的同时，承担起保护环境的责任和义务。在绿色生产的视角下，这种道德责任得到了更加深入的体现。绿色生产不仅是一种生产方式的选择，更是一种道德责任的体现。农业生产者通过采用绿色农业技术，减少对环境的污染和破坏，就是在履行对自然的道德责任。这种责任不仅体现在对土地、水源、空气等自然资源的保护上，也体现在对生态系统平衡和稳定的维护上。同时，绿色生产也要求在生产过程中注重环保和节能，通过采用环保技术和设备，减少废弃物的排放和能源的消耗，为社会的可持续发展做出贡献。道德责任与绿色生产的结合，不仅体现了人类对自然的敬畏和尊重，也体现了人类对未来的担当和追求。这种结合不仅推动了绿色生产的发展，也促进了社会的可持续发展和生态文明的进步。

3. 绿色生产对于人们生活品质的影响

绿色生产，作为现代工业与农业领域的一场深刻变革，正悄然重塑着人们的生活方式，对提升人们生活品质产生了深远而积极的影响。这一模式不仅是对环境负责的具体行动，更是人类智慧与创新精神的集中展现，它将引领我们走向一个更加和谐、健康的未来。首先，在食品生产领域，绿色生产强调全程无污染、低能耗的操作流程，从源头把控原料质量，减少化肥农药的使用，确保农产品天然纯净。这不仅有效保护了农田生态系统，还极大地提升了食品的安全性和营养价值，让消费者能够享受到更加健康、安心的饮食体验。随着人们健康意识的增强，绿色食品已成为市场的新宠，满足了现代人对高品质生活的追求。其次，绿色生产还促进了制造业的转型升级。通过采用清洁能源、优化生产工艺、提高资源利用效率等措施，绿色工厂减少了对环境的污染，生产出更加环保、节能的产品。这些产品不仅在性能上达到甚至超越了传统产品，而且在使用过程中减少了对人体和环境的危害，提升了消费者的使用体验和满意度。最后，绿色生产还带动了相关产业链的发展，创造了更多的就业机会，促进了经济的多元化和包容性增长。

更重要的是，绿色生产理念的普及与推广，正在逐步改变着人们的消费观念和生活方式。越来越多的人开始意识到，选择绿色产品不仅是对个人健康的负责，更是对地球家园的关爱。这种观念的转变促使社会各界共同努力，推动经济社会向更加绿色、可持续的方向发展，为后代留下一个更加美好的世界。

（二）节俭朴素的生活方式与道德选择

1. 节俭朴素生活方式的普及

在快节奏的现代生活中，节俭朴素的生活方式不仅是对古代先贤智慧的传承，更是现代绿色消费理念的重要基石。随着生态环境问题的日益严峻，人们开始重新审视消费模式对生态环境的影响，而中国传统文化中蕴含的节俭朴素思想，恰好为现代社会的可持续发展提供了宝贵的启示。这种生活方式倡导"少即是多"的理念，鼓励人们在满足基本生活需求的同时，尽量减少对资源的过度消耗和对环境的无谓负担。在日常生活中，节俭朴素的生活方式体现在方方面面：从拒绝过度包装、减少一次性用品的使用，到选择可循环利用的产品、参与二手物品的交换，再到珍惜食物、避免餐饮浪费。这种生活方式不仅有助于降低个人的环境足迹，还能通过集体行动汇聚成巨大的环保力量，推动社会整体向更加绿色、低碳的方向转型。更重要的是，它促使人们重新审视消费的本质，从盲目追求物质享受转向追求精神富足和内心平静，实现个人价值与社会责任的和谐统一。

2. 道德选择与绿色消费

绿色消费，作为现代消费伦理的一种新形态，不仅是对个人生活品质的提升，更是对自然环境和未来时代的道德承诺。在消费决策的过程中，消费者主动选择那些符合环保标准、生产过程低能耗、可回收或可降解的产品和服务，这一行为本身就是对生态环境负责的表现。这种选择不仅体现了消费者对自然环境的尊重与爱护，也彰显了个体在社会进步中的责任感与担当。绿色消费更是一种道德选择，它要求消费者具备高度的道德自觉和环保意识，将个人的消费行为与社会的可持续发展紧密联系起来。在这个过程中，消费者通过支持绿色企业、拒绝非环保产品等方式，向市场传递出明确的环保信号，引导企业调整生产方向，推动产业结构向绿色化、低碳化转型。同时，绿色消费也促进了消费者自身消费观念的升级和价值观的重塑，鼓励人们追求一种健康、环保、可持续的生活方式，将节约资源、保护环境视为一种美德和时尚。这种道德选择与绿色消费的双重奏响，不仅丰富了现代消费文化的内涵，更为人类社会的可持续发展注入了强大的力量。

第二节　传统建筑与环境和谐共生的理念

一、布局与环境的融合

（一）因地制宜的布局原则

1. 阳光利用

中国传统建筑在布局上独具匠心，尤其是对阳光的利用，展现了对自然环境的深刻理解与尊重。以北方四合院为例，坐北朝南的布局并非偶然，而是基于对地理与气候条件的精准把握。这种布局不仅考虑到了北方地区冬季寒冷、阳光稀缺的特点，也兼顾了夏季的防晒与通风需求。在冬季，北方四合院坐北朝南的布局能够最大限度地接收太阳照射，使得室内空间温暖而明亮。高大的院墙和紧闭的门窗有效阻挡了寒风的侵袭，保证了室内的温暖与舒适。而在夏季，通过建筑之间的合理间距与庭院布局，四合院实现了良好的通风效果，有效降低了室内温度。同时，庭院中的绿植也为居住者提供了遮阳的场所，使得夏季的居住体验更佳。这种阳光利用的智慧不仅提高了居住的舒适度，也体现了古人对自然环境的敬畏与顺应。他们深知自然之力无穷无尽，唯有与之和谐共生，才能实现长久的繁荣与发展。这种思想在现代社会中依然具有深远的启示意义，提醒人们在建筑设计中要充分考虑环境因素，实现人与自然的和谐共生。

2. 通风与遮阳

与北方不同，南方地区的气候条件湿热多雨，这就要求建筑在布局上更加注重通风与遮阳。南方建筑在设计中巧妙地运用了自然元素，实现了良好的通风与遮阳效果。在通风方面，南方建筑通过合理的建筑朝向与间距设置，实现了良好的自然通风效果。建筑的外墙与屋顶采用轻薄的材料和结构，增强了建筑的透气性与散热性。这种设计不仅降低了室内温度与湿度，也改善了室内空气质量，为居住者提供了更为健康舒适的居住环境。而且，在遮阳方面，南方建筑同样展现出了独特的智慧。传统的江南水乡建筑多采用挑檐、廊道等设计手法，为居住者提供了遮阳的场所。同时，庭院中的假山、水池等自然元素也起到了调节微气候、降低室内温度的作用。这些设计手法不仅提高了居住的舒适度，也美化了居住环境，使得南方建筑在炎热的夏季依然能够保持宜人的居住氛围。

3. 注重建筑所处的环境以及气候条件

中国传统建筑因地制宜的布局原则，不仅是对自然环境的尊重与利用，更是一种深刻的智慧与价值体现。这种布局方式充分考虑了地形和气候条件对建筑的影响，通过灵活的调整和设计手法，实现了建筑与环境的和谐共生。在现代社会，随着城市化进程的加速与人口的不断增长，建筑设计面临着越来越复杂的挑战，而中国传统建筑因地制宜的布局原则依然具有重要的指导意义。设计师在进行建筑设计时，应充分考虑建筑所处的环境与气候条件，通过合理的布局与设计手法，实现建筑与环境的和谐共生。这不仅有助于提高建筑的舒适度和节能性能，也有助于减少对环境的影响与破坏，实现可持续发展的目标。同时，也应认识到，因地制宜的布局原则不仅适用于建筑领域，也适用于其他领域。在规划与设计城市、乡村等空间时，同样应充分考虑环境因素与气候条件的影响，实现人与自然的和谐共生。这种思想对于实现人类社会的可持续发展具有重要的意义。

（二）与自然环境的相呼应

1. 庭院式布局的和谐之美

中国传统建筑在布局上追求与自然环境的和谐共生，庭院式布局便是这一理念的典型体现，庭院式建筑通过院落布局、对称手法等方式，使建筑与自然环境的元素相呼应，形成一种和谐共生的美。这种设计方式不仅美化了居住环境，也促进了人与自然的和谐共处。通过院落与建筑的相互穿插和组合，庭院式建筑形成了一种独特的空间层次感和韵律感。庭院作为建筑与自然环境的过渡空间，不仅为居住者提供了亲近自然的机会和空间，还通过绿化和植被的布置，进一步美化了居住环境。在庭院式布局中，对称手法被广泛应用，无论是北方的四合院还是南方的江南水乡建筑，都注重通过对称的布局来实现建筑与环境的和谐共生。这种对称不仅体现在建筑的外观上，更深入建筑的空间结构和功能布局之中。通过对称的布局手法，庭院式建筑形成了一种稳重而典雅的美感。

2. 自然元素在庭院中的融入

庭院作为中国传统建筑的重要组成部分，不仅注重布局的美感，更注重自然元素的融入，庭院中的假山、水池、花木等自然元素不仅为居住环境增添了生机与活力，还起到了调节微气候、净化空气的作用。这些自然元素与建筑相互呼应，形成了一种和谐共生的关系。假山作为庭院中的重要景观元素，不仅具有观赏价值，还能起到遮阳、挡风的作用。通过巧妙的布置和设计，假山能够为居住者提供一个宜人的休闲场所。水池则是庭院中另一个重要的自然元素。它不仅能够调节庭院的微气候，还能通过水的流动和蒸发作用，降低室内温度并增加空气湿度，这对于改善居住环境、提高居住舒适度具有重要意义。而花木作为庭院中的绿色元素，不仅美化了环境，还起到了净化空气、调节心情的作用。通过合理的选择和布置，花木能够为庭院带来生机与活力，使居住者感受到大自然的魅力，同时，花木还能吸收空气中的有害物质，释放氧气，改善室内空气质量。这对于提高居住环境的健康性和舒适度具有重要作用。

3. 庭院式布局与现代生活的融合

中国传统建筑中的庭院式布局和自然元素的融入不仅具有历史和文化价值，对于现代生活也有着重要的启示和影响。在现代城市生活中，人们越来越注重居住环境的舒适度和健康性。庭院式布局和自然元素的融入能够为现代建筑带来一种独特的韵味和魅力，使人们在繁忙的城市生活中感受到大自然的宁静与和谐。同时，庭院式布局和自然元素的融入也符合现代建筑设计的绿色理念。通过合理的布局和设计手法，庭院式建筑能够实现良好的通风、采光和遮阳效果，降低建筑的能耗和排放。同时，庭院中的自然元素还能起到调节微气候、净化空气的作用，提高居住环境的健康性和舒适度。这些设计理念不仅有助于推动现代建筑的绿色发展，还能为人们提供更加宜居的生活环境。

二、材料与自然的契合

（一）环保材料的选用

1. 天然材料的广泛应用与独特美感

中国传统建筑善于利用天然材料，如木材、石料、土等，这些材料不仅来源广泛、易于获取，而且与自然环境相契合，呈现出独特的质感和美感。同时，中国传统建筑还注重材料的可再生性和循环利用性，避免对自然资源造成过度消耗和破坏。这种对环保材料的选用，不仅体现了古人对自然的敬畏和尊重，也为现代建筑提供了宝贵的借鉴和启示。在中国传统建筑中，木材以其温润的质感和良好的加工性能，成为古代建筑的主要材料之一。无论是北方的宫殿庙宇，还是南方的民居园林，木材都以其独特的魅力，为建筑增添了浓厚的文化气息和自然韵味。而石料则以其坚硬、耐久的特性，在建筑中扮演着重要的角色。无论是作为建筑的基础，还是作为装饰的元素，石料都以其沉稳、厚重的质感，赋予建筑以稳重和力量。而土，这一最为朴素、自然的材料，也在中国传统建筑中发挥着不可替代的作用。土坯墙、土楼等建筑形式，不仅展现了土的柔韧性和可塑性，也体现了古人对土的深刻理解和巧妙运用。木材的温润、石料的沉稳、土的朴素，共同构成了中国传统建筑独特的美学风格。同时，这些材料还具有良好的透气性和保温性能，使得建筑更加舒适、宜居。

2. 材料的可再生性与循环利用性

中国传统建筑在材料选择上独具匠心，深谙可持续发展之道，在选材时，古代建筑师们尽量倾向于可再生或可循环利用的材料。木材与竹材作为植物性材料，生长周期短且可再生性强，自然成为古代建筑的首选。这些材料不仅赋予了建筑独特的韵味，更在无形中传递着古人对自然的敬畏与尊重。除了植物性材料，石材、木材等无机材料同样在建筑中扮演着重要角色。这些材料在建筑拆除后，经过适当的处理，可以重新利用于其他建筑项目中，减少了对自然资源的开采和浪费。在古代，对于材料的循环利用有着独到的智慧。例如，在古建筑的维修与重建过程中，建筑师们会精心挑选旧有的木材、石料等材料，经过修复与加工后重新利用，不仅节约了资源，更让建筑充满了历史与文化的厚重感。这种对材料的珍惜与尊重，不仅体现了古人对自然的敬畏，更蕴含了可持续发展的理念。

（二）与自然环境气候的适应性

1. 北方寒冷地区的保温材料选择

中国传统建筑在材料使用上，尤为注重与自然环境气候的适应性。这种适应性不仅体现在建筑的整体布局和结构设计上，更体现在对建筑材料的选择上。根据不同地区的气候特点，选择不同的建筑材料和构造方式，以提高建筑的舒适性和宜居性。这种对自然环境气候的适应性选择，不仅体现了古代建筑对自然环境的深刻理解和利用智慧，也为现代建筑提供了宝贵的借鉴和启示。在北方的寒冷地区，由于冬季气温较低，建筑需要具备良好的保温性能。因此，古代建筑在材料选择上，更注重保温性能。土坯和青砖是北方建筑常用的材料。土坯墙具有良好的保温和隔热性能，能够有效地阻挡外界的寒冷空气，保持室内的温度。而青砖则以其坚实的质地和良好的保温性能，成为北方建筑墙体的主要材料。通过合理的砌筑方式和厚度设计，青砖墙能够有效地抵御冬季的严寒，为居住者提供一个温暖舒适的室内环境。除了土坯和青砖，古代建筑还善于利用其他保温材料，如草泥、石灰等，这些材料具有良好的保温和隔热性能，能够有效地提高建筑的保温效果。同时，它们还具有良好的透气性和调湿性能，能够保持室内的空气质量和湿度平衡。

2. 南方湿热地区的透气材料选择

与北方不同，南方的气候湿热多雨，这就使得传统建筑在材料选择上，更注重透气性和防潮性能。竹木和石材是南方建筑常用的材料。竹木以其轻盈的质地和良好的透气性能，成为南方建筑的主要材料之一。无论是民居还是园林建筑，竹木都以其独特的魅力和自然韵味，为建筑增添了浓厚的文化气息和地域特色。而石材则以其坚硬、耐久的特性，在建筑中发挥着重要的作用。在南方湿热的气候条件下，石材能够有效地阻挡外界的湿气和雨水侵蚀，保持室内的干燥和舒适。除了竹木和石材，传统建筑还善于利用其他透气和防潮材料，如瓦片、茅草等，这些材料具有良好的透气性和防潮性能，能够有效地提高建筑的舒适性和宜居性。同时，它们还具有良好的隔热性能和美观性，为南方建筑增添了独特的魅力和风格。

3. 自然环境气候适应性的现代应用

在气候变化加剧与追求居住品质并行的当下，建筑对自然环境气候的适应性设计已成为不可逆转的趋势。中国古代建筑智慧在此领域展现出了非凡的前瞻性，其保温与透气材料的精妙选择，为现代建筑提供了深刻的启示。现代建筑设计需深刻洞察各地独特的气候特征，因地制宜地选用材料与技术。在寒带区域，建筑师们借鉴古法，运用高效保温材料结合精密的构造设计，构建起抵御严寒的温暖屏障，而在湿热地带，则注重材料的透气性与防潮性，确保室内干爽舒适，同时促进空气自然流通，减少空调依赖，有效降低了建筑的能耗与碳足迹。这种对自然环境气候的高度适应性设计，不仅提升了居住者的舒适度与幸福感，更以实际行动响应了绿色建筑的全球号召，引领着建筑行业向更加可持续的未来迈进。

三、装饰与自然的交融

（一）自然元素的融入

1. 屋顶与自然光影的交融

屋顶，这一建筑的第五立面，在中国传统建筑艺术中扮演了至关重要的角色，尤其是琉璃瓦的运用，更是将自然光影之美发挥到了极致。琉璃瓦以其独特的质感与光泽，在日光的照耀下，仿佛赋予了建筑生命，光影斑驳间，营造出了一种梦幻而神秘的空间氛围。现代建筑设计亦应借鉴这一美学理念，将屋顶视为连接室内外空间的桥梁，通过创新材料与设计手法，让自然光自由穿梭于建筑之中。无论是采用透明或半透明材料创造柔和的天光效果，还是利用屋顶形态引导光线变化，都能使建筑内部空间充满层次与韵律，增强居住者的感官体验。同时，这种光影交融的设计手法，也是对自然资源的巧妙利用，体现了人与自然和谐共生的哲学思想。

2. 陶瓷砖与色彩的自然呼应

陶瓷砖，作为中国传统建筑中不可或缺的装饰材料，其色彩与质感的多样性，为建筑外观与室内空间增添了丰富的视觉层次。在现代建筑设计中，陶瓷砖的应用已超越了简单的装饰功能，成为了一种表达地域文化与自然和谐共生的艺术语言。建筑师们根据建筑所处环境的色彩基调，精心挑选陶瓷砖的色彩与纹理，使之与周围环境形成自然而和谐的呼应。在江南水乡，青灰色的陶瓷砖与潺潺流水、白墙黛瓦相映成趣，营造出一种淡雅宁静的诗意氛围，而在北方广袤的天空下，色彩鲜艳的陶瓷砖则如同点缀在蓝天绿地间的明珠，展现出勃勃生机与活力。这种色彩上的自然呼应，不仅提升了建筑的整体美感，更深刻地体现了建筑设计对自然环境的尊重与融合，让每一座建筑都成为了大地上一道亮丽的风景线。

3. 室内摆件与挂画的寓意

中国传统建筑的室内装饰同样充满了深厚的文化底蕴。一些寓意吉祥的摆件或挂画，如福字、寿字等，不仅为居住空间增添了和谐与美好的氛围，更体现了古人对自然和生命的敬畏与尊重。这些摆件或挂画通常以自然元素为题材，如山水、花鸟、鱼虫等，通过细腻的描绘和精湛的工艺，它们展现了自然之美和生命之韵，让居住者在欣赏之余，也能感受到传统建筑对自然的认识和感悟。这些室内装饰不仅为居住者带来了美的享受，更在潜移默化中传递了古人对自然的敬畏与尊重。在现代社会，同样可以借鉴这种装饰方式，通过选择寓意吉祥的摆件或挂画来装饰居住空间，让自然之美和生命之韵融入人们的日常生活中。

（二）与自然景观的协调

1. 窗户与采光井的设计

在中国传统建筑中，窗户与采光井的设计是一门深邃的艺术。建筑师们不仅追求建筑的结构美，更注重将自然之美引入室内，让居住者能够在日常生活中感受自然的恩赐。窗户，作为建筑的眼睛，不仅为室内带来了光明，更是连接室内外空间的桥梁。它们被精心雕琢，或圆或方，或镂空或彩绘，每一扇窗户都如同一幅精美的画作，讲述着与自然和谐共生的故事。采光井，则是中国传统建筑中另一项独特的设计。它不仅是室内光线的来源，更是室内空间的延伸。通过采光井，室内空间得以与室外环境相互交融，形成一种开放而又不失私密性的空间感受。建筑师们会根据建筑的布局与风格，巧妙地设计采光井的大小、形状和位置，使其既能够满足室内采光的需求，又能够与周围环境相协调。在中国传统建筑中，窗户与采光井的设计不仅是一种装饰手段，更是一种生活哲学。它们让居住者能够更加直观地感受到自然环境的变化和美丽，从而更加珍惜和尊重自然。同时，这种设计也使得室内空间更加明亮通透，提高了居住者的舒适度，营造了一种宁静而和谐的居住氛围。

2. 绿色植物的点缀

在中国传统建筑中，绿色植物的点缀是一种常见的装饰手法。无论是室外环境还是室内空间，绿色植物都扮演着不可或缺的角色。在室外环境中，建筑师们会种植各种树木、花草等绿色植物来美化环境，净化空气。这些绿色植物不仅为建筑增添了生机和活力，更使得建筑与自然环境形成了紧密的联系和互动。在室内环境中，绿色植物的点缀同样重要。建筑师们会巧妙地摆放一些盆栽或插花等绿色植物来点缀空间，增添生机。这些绿色植物不仅能够为室内空间带来清新的空气和宜人的环境，更能够营造出一种宁静而舒适的居住氛围。而且，绿色植物的点缀在中国传统建筑中不仅是一种装饰手段，更是一种生活态度的体现。它让居住者能够更加深入地感受到自然之美和生命之韵，从而更加珍惜和尊重自然。同时，这种装饰方式也体现了中国传统文化中"天人合一"的思想，即人与自然应该和谐共生、相互依存。

3. 景观与建筑的和谐共生

在中国传统建筑中，景观与建筑的和谐共生是一种重要的装饰理念。建筑师们会根据当地的地形、地貌和气候条件来设计建筑和景观的布局和风格，使得建筑与周围环境相互呼应、相得益彰。在景观设计中，建筑师们会充分考虑当地的气候条件、地形地貌和植被特点等因素，选择适合的树木、花草等绿色植物来打造美丽的园林景观。同时，建筑师们还会运用各种造景手法，如借景、对景、障景等来丰富景观层次和空间感受。在建筑设计中，建筑师们则会根据景观的特点和风格来设计建筑的布局和风格，充分考虑建筑与周围环境的关系以及建筑本身的功能需求等因素来选择合适的建筑形式和材料。建筑通过精心设计和巧妙布局与自然景观相互融合，形成一种和谐共生的关系。这种装饰理念不仅美化了建筑本身，也增强了建筑与周围环境的联系和互动。同时，这种装饰方式也体现了中国传统文化中人与自然应该和谐共生、相互依存的理念。这种装饰方式可以更好地实现建筑与环境的和谐共生，促进生态平衡和可持续发展。

四、生态与人文的统一

（一）生态理念在传统建筑的体现

1. 节能设计的智慧

在中国悠久的历史长河中，传统建筑以其独特的节能设计智慧，展现了人与自然和谐共生的深邃理念。这不仅仅是一种生存策略，更是对天地法则的深刻领悟与尊重。四合院，作为中国传统民居的典型代表，其布局精妙绝伦，四面围合的院落设计不仅巧妙地引自然光深入室内，为居住者带来明亮而舒适的生活环境，还通过围合空间的有效阻挡，减少了冬季寒风的侵扰，大大降低了取暖的能耗。这种布局的智慧，是对太阳运行轨迹、风向变化等自然现象的精准把握，体现了古人顺应自然、利用自然的生态智慧。传统建筑的屋檐设计同样蕴含着深刻的节能理念。宽大的屋檐如同天然的雨棚，不仅为行人提供了避雨之处，更是在雨季时能有效收集并引导雨水自然排放，减少了雨水对建筑结构的侵蚀，同时也减轻了人工排水系统的负担。这种设计，既是对自然资源的巧妙利用，也是对生态平衡维护的自觉行动。传统建筑中的这些节能设计，不仅展现了古人对自然环境的深刻理解与敬畏之心，更为现代建筑设计提供了宝贵的启示与借鉴，引导我们走向更加绿色、低碳的生活方式。

2. 可再生能源的应用

在科技日新月异的今天，传统建筑并未止步于过去的辉煌，而是积极拥抱现代科技，探索可再生能源的广泛应用，为建筑的绿色可持续发展注入新的活力。太阳能，这一取之不尽、用之不竭的清洁能源，正逐渐成为传统建筑改造与新建筑中的"宠儿"。屋顶上安装的太阳能热水器，不仅为家庭提供了便捷、经济的热水解决方案，更减少了对传统能源的消耗、降低了碳排放。这种应用，不仅提升了居民的生活品质，也体现了对环境保护的责任与担当。同时，风能作为另一种重要的可再生能源，也在传统建筑的绿色转型中发挥着积极作用。一些古建筑通过安装风力发电机，利用自然风力发电，为古建筑的保护、修复及日常运营提供了清洁、可靠的电力支持。这种将古老建筑与现代科技相结合的尝试，不仅展现了传统建筑在新时代的生命力与活力，也为可再生能源的普及与推广树立了典范。传统建筑与现代科技的融合，不仅促进了建筑行业的绿色发展，更为实现全球碳中和目标贡献了中国智慧与中国方案。

3. 环保材料的选择

在建筑材料的选择上，古代的建筑师们早已意识到环保的重要性。他们常常采用当地容易获取的天然材料，如木材、竹子、土等，这些材料不仅环保可再生，而且与当地环境相协调，具有独特的美感。在现代建筑中，随着环保意识的不断提高，越来越多的建筑师们开始尝试使用环保材料来替代传统的建筑材料。例如，使用可回收的钢材可以减少对矿产资源的开采；使用低甲醛的板材可以降低室内空气污染，提高居住者的健康水平。这些环保材料的使用不仅有助于减少对环境的污染，还能提高建筑的质量和安全性。

4. 建筑生态理念的现代表现

步入现代社会，随着城市化浪潮的汹涌与环境污染问题的日益严峻，人们对于绿色、环保、可持续生活方式的向往越发强烈。在这一背景下，传统建筑中的生态理念被赋予了新的生命力，与现代建筑技术相融合，共同绘制出一幅人与自然和谐共生的美好图景。现代建筑设计开始注重自然采光、通风与能源的高效利用，通过智能化控制系统调节室内环境，减少人工干预与能源消耗。绿色建筑材料的广泛应用，如太阳能光伏板、绿色植被墙等，不仅提升了建筑的自给自足能力，还美化了城市景观，增强了生态系统的服务功能。此外，雨水收集与循环利用系统、垃圾分类与回收机制等环保措施的实施，更是将建筑的生态理念贯彻到了每一个细节之中。这些现代建筑实践，不仅是对传统生态智慧的传承与发展，更是对未来可持续生活方式的一种积极探索与实践。

（二）人文精神的传承

1. 传统文化的融入

中国传统建筑，作为千年文明的载体，其设计和装饰中深深地融入了传统文化的精髓。这些建筑不仅是物质的堆砌，更是人文精神的传承和展现。在古建筑中，每一处精美的木雕、砖雕和石雕，都是古代工匠们智慧和技艺的结晶，它们诉说着古人的审美追求和文化理念。木雕，以其细腻的纹理和生动的形象，展现了古代工匠们对自然和生活的深刻洞察；砖雕，则以其粗犷而又不失细腻的风格，体现了古代建筑艺术的独特魅力；石雕，则以其坚固和持久的特性，见证了历史的沧桑和文化的传承。这些艺术品不仅具有极高的艺术价值，更是中国传统文化的瑰宝。除了艺术品，传统建筑还融入了诗词、书法等文化元素，在建筑的门楣、楹联、匾额等地方，常常可以看到古人留下的诗词和书法作品。这些作品不仅丰富了建筑的文化内涵，也为后人提供了了解和学习传统文化的宝贵资源。通过欣赏这些建筑，我们可以感受到古人对自然、社会、人生的思考和感悟，以及他们对美的追求和向往。在现代社会，随着城市化的加速和西方文化的冲击，许多传统建筑和文化元素正在逐渐消失。因此，应该加强对传统建筑的保护和传承，让它们在现代社会中焕发新的生机和活力。

2. 文化特色的展示

传统建筑在设计和装饰上，向来注重展现当地的文化特色和历史底蕴，这种对文化特色的重视，不仅体现了古人对自然的深刻认识和改造能力，也彰显了各地文化的独特性和多样性。以江南水乡为例，其建筑风格以轻盈、秀丽、淡雅为主。白墙黛瓦、小桥流水、绿树成荫，构成了江南水乡独特的建筑风貌，这种风格不仅体现了江南人民对自然环境的尊重和利用，也展现了他们细腻、柔和、含蓄的审美追求。而在北方地区，建筑则显得厚重、粗犷、大气。高墙大院、斗拱飞檐、红墙黄瓦，构成了北方建筑独特的景观，这种风格不仅体现了北方人民对自然环境的适应和改造能力，也展现了其豪放、刚毅、朴实的性格特征。除了地域特色，传统建筑还展现了不同历史时期的文化特色。从古代的宫殿庙宇到近代的民居宅院，从传统的四合院到现代的别墅洋房，这些建筑都承载着各自时期的文化印记和历史记忆。保护和传承这些具有文化特色的建筑，可以更好地了解和认识自己的历史和文化，增强文化自信心和归属感。因此，应该加强对具有文化特色建筑的保护和传承，让它们在现代社会中得以延续和发扬。同时，也应该注重在现代建筑设计中融入文化特色元素，让现代建筑更加具有地域性和文化性，为现代社会注入更多的文化气息和人文情怀。

3. 居住者的文化认同

传统建筑，作为历史长河中沉淀下来的文化瑰宝，不仅是地域风情的结晶，更是居住者文化认同的深刻烙印。在古代，每一砖一瓦、一雕一绘，都不仅仅是建筑材料与技艺的堆砌，而是居住者身份地位、审美旨趣及文化信仰的具象表达。宫殿的宏伟壮丽彰显皇权的至高无上，民居的质朴温馨则映射出百姓生活的恬淡安然。这些建筑不仅是物理空间的构筑，更是精神家园的营造，可以让居住者在其中找到归属感与认同感。步入现代社会，尽管高楼大厦如雨后春笋般涌现，人们的生活方式、价值观念也经历了翻天覆地的变化，但那份对传统文化的深厚情感与认同，却如同血脉一般，流淌在每一个人的心间。现代建筑设计在追求创新与实用的同时，也开始更加注重对传统文化的传承与致敬。设计师们巧妙地将传统元素融入现代建筑之中，无论是飞檐翘角的屋顶轮廓，还是窗棂上的精致木雕，抑或是室内装饰中的书画瓷器，都在无声地诉说着过往的故事，激发着居住者内心深处的文化共鸣。这样的设计，不仅满足了人们对于美的不懈追求，更重要的是，它搭建起了一座连接过去与未来的桥梁，让居住者在享受现代生活便利的同时，也能感受到传统文化的温暖与力量。这种文化认同感的增强，不仅加深了人们对自身文化根源的认识与自豪，也促进了社会的和谐与稳定。因为，在全球化的今天，拥有共同的文化记忆与认同，是凝聚人心、促进交流的重要基石。因此，将传统文化元素融入现代建筑设计与装饰，不仅是对美的追求，更是对文化传承与认同的深刻体现。

4. 人文精神的现代体现

传统建筑中蕴含的人文精神，不仅承载着深厚的情感记忆与文化价值，更在现代社会中展现出了独特的现代价值与实践意义。保护和传承传统建筑中的人文精神，意味着尊重与珍视每一种文化的独特性，增强当地人民的文化自信心与归属感，促进社会的和谐稳定。同时，将传统人文精神融入现代建筑设计之中，不仅能够赋予建筑以深厚的文化底蕴与艺术魅力，更能够激发人们对于美好生活的向往与追求。现代建筑师们通过巧妙的设计手法，将传统元素与现代审美相结合，创造出既具有时代感又不失文化底蕴的建筑作品。这些作品不仅是对传统文化的致敬与传承，更是对人文精神在现代社会中的创新表达与弘扬。它们如同一座桥梁，连接着过去与未来，让人们在欣赏建筑之美的同时，也能感受到那份穿越时空的人文关怀与人性温暖。

第三节　融合传统文化与现代科技的环境可持续发展策略

一、数字化保护与传承传统文化

（一）数字化技术的多重应用

1. 高清扫描与 3D 建模

在 21 世纪的科技曙光中，高清扫描与 3D 建模技术如同一双无形的翅膀，赋予了传统文化新的生命力，使其在数字世界中翩翩起舞，得以永恒保存与广泛传播。高清扫描技术，如同时间的定格器，以其无与伦比的精度将古籍书页上细腻的墨迹、文物表面历经沧桑的纹理，都一一捕捉并转化为高清数字图像。这些图像不仅还原了文物的原始风貌，更以其无损害、可复制的特性，有效规避了物理接触可能带来的损害风险，为传统文化的安全守护筑起了一道坚实的防线。而 3D 建模技术，则是将这份守护推向了更深层次的艺术创造。它利用复杂的算法与强大的计算能力，在虚拟空间中构建起文化遗产的三维立体模型。这些模型不仅精准地再现了文物的外部形态，更通过精确的数据模拟，还原了其内部结构与空间布局，使得研究者与观众能够以前所未有的视角，深入探索、理解这些宝贵遗产的每一个细节。无论是宏伟的古代建筑，还是精巧的手工艺品，都在 3D 建模技术的助力下，以全新的面貌展现在世人面前，成为连接过去与未来的桥梁。

2. 虚拟现实与增强现实

虚拟现实与增强现实技术的融合，为传统文化的传播与体验开启了一场前所未有的沉浸式革命。虚拟现象技术如同一扇穿越时空的大门，让体验者瞬间置身于千年前的古城之中，漫步于雕梁画栋的宫殿，聆听古老的钟声在耳边回响。他们不仅可以近距离观赏古代建筑的精湛工艺，还能亲身参与传统的仪式活动，感受那份跨越时空的文化共鸣。这种身临其境的体验方式，极大地增强了公众对传统文化的认知与兴趣，让古老的文化遗产焕发出新的活力。而增强现实技术，则以一种更加巧妙的方式，将传统文化元素融入现代生活场景之中。通过手机、平板电脑等智能设备，人们可以在现实世界的基础上叠加虚拟信息，如将古代书画作品"悬挂"在自家墙壁上，或是让古代人物"走"出屏幕与自己对话。这种虚实结合的体验方式，不仅让传统文化以更加生动、直观的形式呈现在人们面前，还激发了公众对于文化探索的好奇心与创造力，为教育的创新提供了无限可能。在增强现实的"魔法"下，传统文化的种子正以一种前所未有的速度，在人们心中生根发芽。

（二）数字化保护的深远影响

1. 永久保存与广泛传播

数字化保护的最大优势在于其能够实现文化遗产的永久保存和广泛传播。传统的文物保护方式往往受限于物理空间和环境条件，而数字化技术则将这些宝贵的文化资源转化为数字形态，存储在云端或服务器上，从而有效避免了自然灾害、人为破坏等风险。同时，互联网的传播力量使得这些数字化后的文化遗产能够迅速跨越地域和时空的限制，被全球范围内的观众所接触和学习。

2. 深度挖掘与科学分析

建立全面的文化遗产数字库，不仅是为了保存和传播，更是为了深度的挖掘和科学的分析。大数据和云计算技术的应用，使得研究人员能够对海量的文化遗产数据进行高效的处理和分析。通过这些技术手段，我们可以更加深入地了解传统文化的内涵、演变历程以及在不同地域、不同历史时期的表现形态。这种科学的分析方法，为文化传承提供了有力的依据和支持。

（三）数字化时代的文化弘扬

1. 互动式数字展示平台增强公众的文化认同感

在数字化时代背景下，传统文化的传承方式正在经历前所未有的变革，互动式数字展示平台的兴起，不仅打破了传统课堂和博物馆的界限，更为公众打开了一扇通往传统文化深处的大门。这些平台以其独特的互动性和趣味性，让人们在轻松愉快的氛围中深入了解传统文化的魅力。互动式数字展示平台通过游戏、互动故事等多种形式，将传统文化知识融入其中，使学习变得更加生动有趣。用户可以通过操作屏幕、参与互动游戏等方式，亲自体验传统文化的韵味，从而更加深刻地感受到其独特的魅力。这种身临其境的学习方式，让人们对传统文化的认识不再停留在表面，而是能够深入其内核，真正领略其博大精深之处。互动式数字展示平台的出现，不仅吸引了年轻人的关注，也让更广泛的群体得以接触到传统文化。在传统课堂和博物馆中，受限于场地和时间等因素，能够接触和学习传统文化的人相对较少，而数字展示平台则打破了这些限制，让任何人都可以随时随地地学习和了解传统文化，这种便捷性和普及性，使得传统文化的传承变得更加广泛和深入。更重要的是，互动式数字展示平台通过增强公众对传统文化的认同感，进一步推动了文化的弘扬和发展。在互动式数字展示平台上，人们可以共同分享对传统文化的热爱和感悟，形成一种积极向上的文化氛围。这种氛围不仅激发了人们对传统文化的兴趣和热情，还促进了文化之间的交流和融合。通过互动式数字展示平台，传统文化得以在更广阔的舞台上展现其独特的魅力，为文化的传承和发展注入了新的活力。

2. 数字化教育与培训，培养新一代的文化传承者

随着数字化技术的快速发展，传统文化的教育与培训也迎来了新的机遇，在线课程、虚拟实验室等数字化教育工具的兴起，为传统文化的传承提供了新的可能。这些工具以其灵活多样的学习方式和丰富的资源内容，为年轻人学习传统文化知识、掌握传统技艺提供了极大的便利。在线课程打破了地域

和时间的限制，让学习者可以随时随地地接触到传统文化知识，无论是身处城市的青少年还是远在山区的孩子，都可以通过在线课程获得同等的教育资源。这种普惠性的教育方式，降低了学习传统文化的门槛，使更多的人能够参与其中。而虚拟实验室则为学习者提供了更加真实的学习体验。在虚拟实验室中，学习者可以模拟真实的操作环境，亲身体验传统技艺的制作过程。这种身临其境的学习方式，让学习者能够更加深入地了解传统技艺的精髓和内涵。通过虚拟实验室的学习，学习者可以更加熟练地掌握传统技艺，为传统文化的传承和发展打下坚实的基础。而且，数字化教育与培训不仅降低了学习传统文化的门槛、激发了学习者的学习兴趣，还培养了一批批新一代的文化传承者。这些传承者通过在线课程、虚拟实验室等数字化教育工具的学习和实践，逐渐成长为传统文化的传承者和弘扬者，他们不仅具备深厚的传统文化知识底蕴和技艺水平，具备创新意识和实践能力，还将成为推动传统文化持续发展的重要力量，为传统文化的传承和发展注入源源不断的动力。

3. 跨文化交流与合作

数字化技术以其独特的优势，为不同文化之间的交流与合作搭建了桥梁。通过数字化平台，不同国家和地区的人们可以共同分享、学习彼此的文化遗产和传统技艺。这种跨文化的交流与合作不仅促进了文化的多样性与包容性发展，还为解决全球性的文化保护问题提供了新的思路和方案。

二、绿色科技与传统工艺结合

（一）传统工艺与现代绿色科技的交汇点

1. 建筑设计中的传统节能理念与现代技术的结合

在建筑设计领域，传统节能理念与现代科技的深度融合正引领着一场绿色革命。古代匠人凭借着对自然的深刻洞察与尊重，创造了很多诸如"坐北朝南"以最大化利用日光取暖、"穿堂风"设计促进自然通风等智慧布局，这些传统节能理念，虽历经岁月洗礼，却仍闪耀着生态智慧的光芒。现代建筑设计在继承这份宝贵遗产的同时，积极拥抱科技的力量，通过节能玻璃、高效保温材料、智能温控系统等现代建筑材料与技术的应用，不仅有效提升了建筑的能源利用效率，还赋予了建筑以更加舒适的居住体验和更加美观的视觉效果。这种结合，既是对传统节能理念的致敬与传承，也是对现代科技进步的自信展现，它让古老的智慧在现代社会中焕发出新的生机与活力，推动了建筑行业的绿色可持续发展。

2. 传统手工业中的自动化与智能化改造

传统手工业，作为人类文化多样性的重要组成部分，承载着丰富的历史记忆。而面对现代工业生产的高效与规模化，传统手工业的生产方式显得越发力不从心。为此，一场自动化与智能化的改造浪潮正悄然兴起。引入先进的自动化生产线和智能控制系统，传统手工业的生产流程得到了根本性的优化。自动化设备以其精准的操作和高效的生产能力，极大地提高了生产效率，降低了人工成本，而智能控制系统则通过实时监测与数据分析，实现了生产过程的精细化管理，确保了产品质量的同时，也减少了资源浪费和环境污染。更重要的是，这种改造并未削弱传统手工艺的精髓与魅力，反而通过科技的力量，使其在更广阔的舞台上绽放光彩。传统手工业与自动化、智能化的结合，不仅是一场生产方式的变革，更是一次文化传承与创新的伟大实践，它让古老的手工艺在新时代中焕发出更加璀璨的光芒。

（二）推动绿色科技与传统工艺的有效融合

1. 不同学科之间相结合

在推动绿色科技与传统工艺的结合上，跨学科的合作与交流显得尤为关键。这种结合并非简单的技术叠加，而是需要深入理解并融合不同学科的知识和技术。建筑学、材料科学、环境科学等领域的专家，各自拥有独特的专业视角和深厚的技术积累，他们的联合可以为绿色科技与传统工艺的结合带来全新的思路和方法。例如，在建筑领域，建筑师和材料科学家可以共同研发新型绿色建筑材料，这种材料不仅要满足建筑的美学和功能需求，还要具备环保、节能等特性。同时，环境科学家可以为这种材料的生产和使用提供环境影响评估，确保其在整个生命周期内都符合环保标准。这种跨学科的合作，不仅可以推动科技的创新，还能为传统工艺带来新的生机和活力。同样，机械工程和自动化控制等领域的专家，也可以与传统手工业的工匠们合作，共同开发适用于传统手工业的自动化和智能化设备。这些设备不仅可以提高生产效率、降低劳动强度，还能保持传统工艺的独特韵味和品质。这种跨学科的融合，不仅能够推动产业的发展，还能够促进文化的传承和创新。在跨学科的合作与交流中，需要打破传统的学科壁垒，鼓励不同领域的专家进行深入的交流和合作。同时，还需要建立相应的合作机制和平台，为这种合作提供便利和支持。

2. 设立专项基金支持研发与应用

为了推动绿色科技与传统工艺的研发与应用，设立专项基金是至关重要的一环。这些基金不仅能为科研项目提供资金支持，还能通过激励机制引导企业和个人积极投入相关事业。专项基金的设立可以针对绿色科技与传统工艺结合的关键领域和关键环节，如新材料研发、节能技术创新、传统工艺智能化改造等。资助这些领域的科研项目，可以加速科技成果的转化和应用，推动相关产业的升级和发展。同时，专项基金还可以设立奖励机制，对在绿色科技与传统工艺融合方面取得突出成果的企业和个人给予表彰和奖励。这种奖励机制不仅能够激发企业和个人的创新热情，还能够形成良好的示范效应，吸引更多的资源和人才投入到相关事业中来。

3. 推广与普及绿色消费理念

推广与普及绿色消费理念是推动绿色科技与传统工艺融合的重要手段之一，通过宣传和教育活动，能够提高公众对绿色科技产品的认知度和接受度，进而推动市场需求的增长。首先，可以通过媒体宣传、公益活动、社区讲座等方式，向公众传递绿色消费的重要性和价值。其次，可以在学校和企事业单位开展相关教育活动，培养年轻一代的绿色消费意识。最后，可以通过市场激励等方式，提高绿色科技产品的市场竞争力。例如，可以对绿色科技产品给予税收优惠、降低价格等支持。同时，还可以建立绿色产品的认证和标识制度，提高消费者的识别能力和购买意愿。通过倡导绿色生活、推广绿色出行等方式，形成全社会共同参与绿色消费的良好氛围。

三、智慧旅游促进文化传承与生态保护

（一）智慧旅游是传统文化的现代展示窗口

1. 智能化管理是传统文化的守护者

在 21 世纪的科技浪潮中，智慧旅游作为旅游业的新兴模式，正逐渐展现出其在文化传承方面的独特优势。智慧旅游通过物联网、大数据、人工智能等现代科技手段，不仅提升了旅游服务的质量和效率，更为传统文化的展示与传播开辟了新的路径。智慧旅游的核心在于智能化管理，通过运用现代科技手段，实现对旅游资源的精准监控和有效管理。在文化传承方面，智慧旅游通过智能导览系统、虚拟现实技术等，能为游客提供更加丰富、生动的文化体验。游客可以通过智能导览系统，深入了解景点的历史文化背景，感受传统文化的独特魅力。同时，虚拟现实技术的应用，更是让游客能够在虚拟环境中亲身体验传统文化的魅力，进一步加深游客对传统文化的认知和了解。在传统旅游模式中，游客对实体文物的直接接触往往会对文物造成一定的损害，而智慧旅游通过智能导览系统，减少了游客对实体文物的直接接触，有效降低了文物受损的风险。同时，通过大数据分析，可以对游客的流量进行精准预测，合理调配旅游资源，避免过度拥挤对文物造成潜在威胁。

2. 高效服务是传统文化的传播者

智慧旅游不仅提升了旅游服务的质量和效率，更为传统文化的传播提供了新的动力。通过大数据分析，旅游服务商可以更加精准地了解游客的需求和偏好，为游客提供更加个性化的旅游服务。这种高效的服务模式，不仅提升了游客的满意度，也进一步激发了游客对传统文化的兴趣和热情。同时，智慧旅游还通过社交媒体、在线旅游平台等渠道，将传统文化的魅力传播到更广泛的受众群体中。游客可以通过在这些渠道分享自己的旅游体验，将传统文化的独特魅力传递给更多的人。这种传播方式不仅扩大了传统文化的影响力，也为传统文化的传承注入了新的活力。

（二）智慧旅游是生态保护的科技力量

1. 精准预测减轻生态压力

在旅游业蓬勃发展的同时，生态环境的保护也面临着严峻的挑战。传统旅游模式往往伴随着对生态环境的破坏，如过度开发、垃圾污染等问题，而智慧旅游通过运用现代科技手段，实现了旅游发展与生态保护的平衡。智慧旅游通过大数据分析，可以对游客的流量进行精准预测，这种预测能力使得旅游服务商能够提前做好准备，合理调配旅游资源，避免过度拥挤对生态环境造成压力。同时，通过智能导览系统，游客可以更加便捷地了解景点的信息，减少在景区内盲目游走和踩踏，进一步降低了对生态环境的破坏。

2. 环保标准是共同守护绿水青山的必要条件

推动智慧旅游的发展，还需要加强旅游与环保部门的合作，共同制定和执行生态旅游标准是智慧旅游在生态保护方面的重要任务。这些标准涵盖了旅游活动的各个方面，包括游客的行为规范、旅游设施的建设标准、垃圾处理的要求等。制定和执行这些标准，可以确保旅游活动在不对生态环境造成破坏的前提下进行。同时，智慧旅游还可以通过科技手段促进生态旅游的发展。例如，利用物联网技术监测景区的环境质量，及时发现并处理环境污染问题；通过智能导览系统向游客宣传环保知识，增强游客的环保意识等。这些科技手段的应用，为生态旅游的发展提供了有力的支持。

四、生态设计理念在现代科技产品中的应用

（一）科技产品的绿色转型

生态设计理念的核心在于，将环境因素纳入产品设计和生产的全过程，力求通过创新技术和优化策略，减少资源消耗和环境污染。这一理念的提出，是对传统工业发展模式的一种深刻反思和积极回应。在传统模式下，产品的设计和生产往往过于注重经济效益，而忽视了对环境的负面影响。然而，随着全球环境问题的日益严峻，人们开始意识到，这种以牺牲环境为代价的发

展方式是不可持续的。因此，生态设计理念的提出，为科技产品的绿色转型提供了新的思路。在现代科技产品中，生态设计理念的融入体现在多个方面。以电子产品为例，首先，设计师们开始采用可回收材料，以降低产品在使用过程中的资源消耗。其次，通过优化电路设计和提高能源利用效率，电子产品的能耗得到了显著降低。最后，延长产品的使用寿命也成为生态设计的重要目标之一。通过提高产品的耐用性和可维修性，可以减少因频繁更换产品而产生的废弃物，从而减轻对环境的压力。

（二）交通工具设计的革新

交通工具作为现代社会的重要组成部分，其设计和生产过程中的环保问题也备受关注。生态设计理念的引入，为交通工具的革新提供了新的方向。在交通工具设计中，注重节能减排和绿色出行方式的推广成为重要的设计原则。为了实现节能减排的目标，设计师们开始探索新的能源利用方式。例如，电动汽车和混合动力汽车的开发，为减少交通领域的碳排放提供了新的解决方案。同时，通过优化车辆结构和提高发动机效率，传统燃油汽车的能耗也得到了显著降低。在绿色出行方式的推广方面，公共交通系统的优化和鼓励自行车、步行等低碳出行方式成为主要的措施。这些措施的实施，不仅有助于减少交通拥堵和空气污染，还能提高城市的整体宜居性。

（三）生态设计标准与评价体系的建立，有助于推动产业可持续发展

为了推动生态设计理念在现代科技产品中的广泛应用，制定和完善生态设计标准和评价体系显得尤为重要。这一体系的建立，可以为企业提供明确的指导和规范，鼓励其采用生态设计理念进行产品研发和生产。生态设计标准的制定应涵盖产品的全生命周期，包括原材料的选择、生产过程、使用阶段以及废弃物处理等环节。设定具体的环保指标和性能要求，可以确保产品在设计和生产过程中充分考虑环境因素。同时，评价体系的建立也是必不可少的。通过对产品的环保性能进行评估和比较，消费者可以更加清晰地了解

产品的环保水平，并做出更加明智的选择。这种市场机制的引入，可以进一步推动企业采用生态设计理念，从而实现科技产业的可持续发展。

五、公众参与和文化科技融合的教育普及

（一）提升公众环保意识

公众参与是推动环境可持续发展的重要基石，为了实现这一目标，加强文化科技融合的教育普及工作至关重要。这一工作旨在提高公众对传统文化和现代科技的认识和理解，从而增强其参与环境保护和可持续发展的意识和能力。在学校教育中，可以巧妙地融入传统文化和现代科技的内容。通过历史故事、传统艺术和科学实验等方式，学生可以了解传统文化的魅力，同时引导学生理解现代科技在环境保护中的重要作用。此外，社会媒体和互联网平台也是普及环保知识和科技应用案例的重要渠道。通过这些平台，公众可以随时随地获取最新的环保资讯和科技应用实例，加深对环境保护和可持续发展的理解。

（二）制定与完善教育普及规划

为了深入推进文化科技融合的教育普及工作，首先，需要制定和完善相关的规划和工作方案，这包括明确教育普及的目标、内容、方法和步骤，以及确定具体的实施计划和时间表。其次，加强师资队伍建设也是必不可少的，应该培养一支具备丰富教育经验和专业素养的教师队伍，使其能够胜任文化科技融合的教育普及工作。最后，教材资源的开发也是关键。我们需要编写具有地方特色的教材，结合当地的文化和科技资源，使教育内容更加贴近公众的生活实际。

（三）拓宽教育普及渠道与提高公众参与度

为了实现文化科技融合的教育普及目标，需要加强与社区、企业和非政府组织的合作与交流。通过共同开展科普活动、志愿服务项目等方式，我们

可以拓宽教育普及的渠道，吸引更多的公众参与其中。同时，多元化的宣传和推广手段也是提高公众参与度和社会影响力的有效途径。可以利用广告、宣传册、展览等形式，向公众展示文化科技融合的成果和亮点。此外，还可以组织线上线下的互动活动，让公众亲身参与其中，感受文化科技融合的魅力。通过这些措施的实施，我们相信能够进一步提高公众的参与度和环保意识，共同推动环境可持续发展的进程。

第五章 传统文化与绿色经济发展的互动关系

第一节 传统文化理念与绿色经济理念的契合点

一、传统文化智慧与绿色经济的共同坚守

(一) 传统文化中的节约资源

1. 节俭美德与资源节约

节俭是中华传统文化中的一项重要美德,它不仅仅是个人修养的体现,更是社会风气的塑造。在古代的生产生活中,节俭美德得到了广泛的实践。农民在耕作时,会精心照料每一寸土地,力求做到物尽其用,不浪费任何一点资源。他们在收获时,也会将粮食和农作物妥善保存,以备不时之需。这种节俭的生活方式不仅保证了古代社会的稳定和发展,也为后世的绿色发展提供了宝贵的经验。在现代社会中,随着经济的快速发展和资源的日益紧张,节俭美德的重要性更加凸显。绿色经济倡导节约资源、提高资源利用效率,这与传统文化中的节俭美德不谋而合。

2. 永续利用的生态观与资源保护

中华传统文化中蕴含着丰富的生态观念,其中最为核心的就是永续利用

的思想。这一思想强调在利用自然资源时，要注重保护生态环境，实现资源的可持续利用。在古代农耕文化中，"地力常新壮"的观念就是永续利用思想的重要体现。农民们通过轮作、间作、施用有机肥等方式，保持土壤肥力，实现土地的永续利用。除了农耕文化，古代的水利文化也体现了永续利用的生态观。这些工程的设计和建设都充分考虑了自然环境的承载能力，确保了人与自然的和谐共生。在现代社会中，随着环境问题的日益严重和资源的日益减少，永续利用的生态观更加具有现实意义。绿色经济倡导循环经济、低碳经济等发展模式，旨在通过技术创新和制度创新，实现经济、社会和环境的协调发展。这与传统文化中的永续利用思想不谋而合。因此，我们应该深入挖掘和传承永续利用的生态观，将其融入现代社会的绿色发展中，推动经济的可持续发展。

3. 顺应自然的哲学思想与生态平衡

中华传统文化中的哲学思想也蕴含着丰富的节约资源智慧，其中最为核心的就是顺应自然的思想。这一思想强调人类在与自然相处时，要尊重自然规律，顺应自然发展，实现人与自然的和谐共生。在古代哲学中，"天人合一"是顺应自然思想的重要体现。这一思想认为人类与自然是密不可分的整体，人类的行为应该符合自然规律，不应该违背自然之道。在这种思想的指导下，古代人们在生产生活中注重保护生态环境，实现人与自然的和谐共生。在现代社会中，随着科技的进步和经济的发展，人类对自然环境的干预越来越多。然而，这种干预往往带来了严重的环境问题，如气候变化、生物多样性丧失等。因此，顺应自然的哲学思想在现代社会中更加具有现实意义。绿色经济倡导尊重自然规律、保护生态环境的发展模式，这与传统文化中的顺应自然思想不谋而合。因此，我们应该深入挖掘和传承顺应自然的哲学思想，将其融入现代社会的绿色发展中，推动人与自然的和谐共生。

（二）绿色经济在资源节约方面的实践

1. 传统文化智慧引领绿色经济理念的形成

中华传统文化源远流长，其中蕴含的丰富智慧为现代绿色经济理念的形成提供了丰沃的思想土壤。特别是"天人合一"的哲学思想，它强调人与自然的和谐共生，倡导人类应当尊重自然规律，追求与自然环境的和谐相处。这一思想深刻体现了对自然环境的敬畏和保护意识，为绿色经济中强调的可持续发展和生态平衡提供了哲学基础。在绿色经济实践中，资源的节约与环境的保护被视为核心原则，这实际上是对"天人合一"思想的现代诠释和应用。通过减少资源的过度消耗和环境污染，使绿色经济致力于实现经济发展与自然环境的协调统一。这种协调发展的理念，正是对传统文化中人与自然和谐共生思想的传承与发展。此外，传统文化中的节俭美德也为绿色经济理念的形成提供了重要的价值观支撑。节俭美德倡导节约资源、反对浪费，这与绿色经济中强调的资源有效利用和循环利用理念高度契合。在绿色经济实践中，通过技术创新和管理手段减少资源的消耗和废弃物的产生，正是对节俭美德的现代实践。

2. 传统文化资源助力绿色经济技术创新

传统文化资源作为人类历史长河中的宝贵遗产，不仅承载着丰富的历史信息，还蕴含着深厚的生态智慧和实践经验。在绿色经济日益受到重视的今天，这些传统文化资源为绿色经济的技术创新提供了独特的助力。传统生态知识是传统文化资源中的重要组成部分，它体现了古代人民对自然环境的深刻理解和尊重。这些生态知识，如农耕文化中的轮作休耕、有机耕作等实践，经过千年的传承和验证，具有极高的实用价值和生态意义。在绿色经济的技术创新过程中，借鉴和融合这些传统生态知识，可以为现代农业、环保产业等领域提供新的思路和方法，推动绿色技术的突破和发展。此外，传统文化元素作为文化符号和象征，具有丰富的文化内涵和独特的审美价值。将这些元素融入绿色产品的设计和创新中，不仅可以提升产品的文化内涵和市场竞争力，还可以激发消费者对绿色产品的兴趣和认同感。这种将传统文化与绿色经济相结合的创新方式，既传承了传统文化，又推动了绿色经济的发展，实现了文化传承与经济发展的双赢。因此，传统文化资源在绿色经济技术创新中发挥着不可替代的作用。通过深入挖掘和整理传统文化资源，我们可以发现更多的生态智慧和实践经验，为绿色经济的技术创新提供源源不断的灵感和动力。

3. 传统文化促进绿色经济社会参与

传统文化作为社会历史长河中积淀下来的宝贵财富，不仅承载着丰富的历史与文化内涵，更蕴含着深刻的社会价值观和行为准则。在绿色经济的推动下，传统文化以其独特的方式促进了社会各界的广泛参与，为绿色经济的深入发展注入了新的活力。传统文化中的人文关怀精神，强调人与人之间的关爱与互助，这种精神在绿色经济中得到了新的诠释和应用。它转化为对自然环境的关爱与责任，激发了企业和个人在环境保护中的自觉行动。随着绿色经济的深入发展，越来越多的社会成员开始意识到自身在环境保护中的责任和义务，积极参与绿色行动和环保公益事业，形成了良好的社会风尚。同时，传统文化中的社会共识机制也为绿色经济的社会参与提供了有力的支持。通过教育、宣传等多种方式，社会各界对绿色消费理念的认识不断提高，绿色消费逐渐成为人们的自觉行为。这种社会共识的形成不仅促进了绿色产品的市场需求增长，还推动了绿色生产方式的变革，为绿色经济的持续发展提供了坚实的社会基础。

（三）传统文化节约资源对绿色经济的助力作用

1. 为绿色经济提供理念支撑

传统文化中蕴含着丰富的节约智慧，这些智慧体现了古代人民对资源的珍视和对环境的尊重。传统文化中的节俭美德，倡导节约资源、反对浪费，这种价值观与绿色经济中的资源节约原则高度契合。在绿色经济的发展过程中，这些传统文化中的节约智慧被赋予了新的时代内涵，不仅被用来倡导人们节约资源、保护环境，还被用来指导绿色技术的创新和绿色产业的发展。例如，在绿色建筑的设计中，传统建筑文化中的节约理念被用来指导建筑的节能、节水和节材设计理念，从而实现建筑与环境的和谐共生。

2. 为绿色经济提供技术借鉴

传统文化中的节约实践是古代人民在长期生产生活中积累下来的宝贵经

验。这些实践不仅体现了古代人民的智慧和创造力，还为现代绿色经济的发展提供了技术借鉴。在工业领域，传统手工业中的许多工艺和技术也体现了节约资源的思想。例如，传统纺织业中的手工织布技术，通过精细的工艺和巧妙的设计，实现了对原材料的充分利用和废弃物的最小化。这种节约资源的工艺和技术在现代绿色工业的发展中得到了新的应用和发展。

3. 促进绿色消费和社会共识的形成

传统文化中的节约价值观不仅影响了古代人民的生产生活方式，还在现代社会中发挥着重要的作用。这种价值观倡导节约资源、反对浪费，与绿色经济中的绿色消费理念高度契合。在绿色消费方面，传统文化中的节约价值观引导人们形成绿色、低碳、环保的消费习惯。在传统节日和庆典中，人们更倾向于选择环保、可循环利用的装饰品和礼品，以减少对环境的影响。这种绿色消费习惯的形成不仅推动了绿色产品的市场需求增长，还促进了绿色产业的发展和壮大。在社会共识方面，传统文化中的节约价值观有助于全社会对绿色经济形成共识和认同。通过教育和宣传等手段，传统文化中的节约智慧和实践被广泛传播与普及，使越来越多的人认识到绿色经济的重要性和紧迫性。这种社会共识的形成为绿色经济的发展提供了坚实的社会基础和动力。

二、传统文化责任与绿色经济的共同担当

（一）文化认同与绿色价值观的塑造

1. 文化认同的重要性

文化认同是指个体或群体对于自身所属文化的认知和归属感，是民族精神的重要体现。它不仅关乎一个民族的历史记忆、价值观念、道德规范，更在深层次上影响着人们的行为方式和思维方式。在全球化和现代化的浪潮中，文化认同的强化对于维护民族独特性、促进社会稳定与发展具有至关重要的作用。对于绿色经济而言，文化认同同样扮演着基石的角色。绿色经济强调经济发展与环境保护的和谐共生，这一理念的实现需要广泛的社会共识和深

厚的文化底蕴作为支撑，而文化认同，正是凝聚社会共识、传承文化底蕴的关键所在。强化文化认同，可以激发人们对于自身文化的自豪感和归属感，进而形成对绿色发展的共同追求和坚定信念。

2. 传统文化中的绿色智慧挖掘

传统文化是民族精神的重要载体，其中蕴含着丰富的绿色智慧。这些智慧体现了古代人民对自然的敬畏之心和顺应之道，为现代绿色经济的发展提供了宝贵的思想资源。传统文化中的生态伦理观念为绿色价值观的形成提供了哲学基础，认为人类与自然是不可分割的整体，人类的行为应当遵循自然的法则和节奏。这一观念对于纠正现代工业文明中的人类中心主义倾向、树立生态文明观念具有重要意义。传统文化中的节约资源、保护环境的实践智慧也为绿色经济的发展提供了有益借鉴。

3. 文化认同在绿色价值观塑造中的实践路径

将文化认同融入绿色价值观的塑造过程中，需要探索切实可行的实践路径，具体而言，可以从教育引导、社会参与两方面入手。在教育引导方面，应注重将传统文化中的绿色智慧融入教育体系之中。通过开设相关课程、举办专题讲座、开展实践活动等形式，引导学生深入了解传统文化的生态伦理观念和实践智慧，培养他们对自然的敬畏之心和环保的责任感。同时，还应注重培养学生的创新思维和实践能力，鼓励他们将传统文化中的绿色智慧与现代科技相结合，为绿色经济的发展贡献自己的力量。在社会参与方面，应广泛动员社会各界力量共同参与到绿色价值观的塑造中来。企业、媒体、公众等各方都应发挥自身作用，形成合力。企业应该积极履行社会责任，推广绿色产品和服务；媒体应该加强绿色宣传，增强公众环保意识；公众则应该自觉遵守环保法规，践行绿色生活方式。

（二）社会参与绿色行为的倡导

社会参与是推动绿色行为倡导的重要力量，它涉及广泛的社会群体和多元的行动主体。为了有效倡导绿色行为，我们需要构建一个多元共治的格局，促进不同社会群体之间的合作与互动。在这一过程中，我们应注重激发社会各界的积极性和创造力，鼓励他们主动参与到绿色行为的倡导中来。这包括企业、社会组织、媒体以及广大公众等。企业应该积极履行社会责任，通过推广绿色产品和服务，引导消费者选择环保的生活方式；社会组织应该发挥桥梁和纽带的作用，组织各类绿色公益活动，增强公众的环保意识和参与度；媒体则应该加大绿色宣传力度，传播绿色生活的理念和知识，营造全社会关注环保、倡导绿色的良好氛围。同时，我们还应注重绿色行为的示范引领和实践探索。通过树立绿色行为的典范和标杆，可以激励更多的人积极参与到绿色生活的实践中来。此外，我们还应鼓励创新和实践，不断探索绿色行为的新模式和新方法，为推动绿色生产生活方式的普及提供有力的支撑。

第二节　传统文化价值观对绿色经济理念的推动作用

一、传统文化价值观与绿色经济理念的关系

（一）生态智慧与绿色经济的和谐发展

传统文化中的"天人合一"思想，是人与自然和谐共处理念的重要体现。这一思想强调人与自然是不可分割的整体，人类应当尊重自然、顺应自然，与自然和谐相处。绿色经济理念的核心在于追求经济发展与环境保护的和谐统一。这一理念与传统文化中的"天人合一"思想高度契合。在绿色经济实践中，人们开始重视资源的节约利用、循环经济的推广以及生态环境的修复与保护，这些都体现了对"天人合一"思想的现代诠释和实践。"天人合一"的生态智慧引导人们在绿色经济中采取更加环保的生产生活方式。在农业生产中推广生态农业技术，减少化肥农药的使用量；在工业生产中发展循环经济，实现资源的循环利用和废弃物的减量化处理；在日常生活中倡导低碳生活，减少能源消耗和碳排放。这些措施的实施不仅有助于保护生态环境，还有助于推动经济的可持续发展。

（二）节约为本的消费观念与绿色经济的资源节约

传统文化中蕴含着丰富的节约思想，这体现在日常生活中的方方面面。从"谁知盘中餐，粒粒皆辛苦"的节俭教育到"一粥一饭，当思来之不易"的持家之道，都体现了中华民族勤俭节约的传统美德。这种节约为本的消费观念对于绿色经济理念的推广具有重要意义。绿色经济强调资源的节约利用和高效配置。在资源日益紧张、环境压力不断增大的背景下，节约资源成为实现绿色发展的必然选择。传统文化中的节约思想为绿色经济提供了重要的思想支撑。它启示人们要珍惜资源、合理利用资源，避免浪费和过度消费。在绿色经济实践中，节约为本的消费观念得到了广泛应用。一方面，政府通过制定相关政策法规来引导和规范人们的消费行为，鼓励节约资源、反对浪费。例如，实行阶梯电价、水价等价格政策，推广节能产品、绿色建筑等措施。另一方面，社会各界也积极倡导节约文化，通过宣传教育、示范引领等方式增强公众的节约意识。这些措施的实施不仅有助于减少资源浪费和环境污染，还有助于推动经济社会的可持续发展。

（三）奋斗精神与绿色经济的创新发展

传统文化中自强不息的奋斗精神是中华民族宝贵的精神财富之一。它鼓励人们面对困难和挑战时，保持坚韧不拔的意志和勇往直前的勇气，不断追求进步和发展。这种奋斗精神对于绿色经济的创新发展具有重要的推动作用。绿色经济作为一种新型的经济形态和发展模式，需要不断地进行技术创新和管理创新来支撑其持续发展，而自强不息的奋斗精神正是推动这种创新的重要动力源泉。在绿色经济领域，人们不断探索新的技术路径和管理模式，努力提高资源利用效率和环境保护水平。这种创新精神不仅有助于解决当前面临的环境危机和资源约束问题，还有助于推动经济社会的转型升级和高质量发展。具体来说，自强不息的奋斗精神在绿色经济中表现为以下几个方面：一是鼓励技术创新。通过加大研发投入、培养创新人才等措施，推动绿色技术的研发和应用。二是推动管理创新。通过引入先进的管理理念和方法，优化资源配置和生产流程，提高经济效率和环境效益。三是倡导社会创新。通过加强宣传教育、引导公众参与等方式，推动形成绿色消费、绿色出行等社会新风尚。这些创新措施的实施不仅有助于推动绿色经济的发展壮大，还有助于提升整个社会的可持续发展能力。

二、可持续发展理念的传承与创新

（一）现代转化与绿色经济的契合

现代转化强调了对自然的尊重与保护。这一转化过程，实际上是人类对自身与自然关系认识的深化，也是对传统生态智慧在现代社会的重新诠释。可以说绿色经济是生态伦理观在现代社会的一种实践形式。随着环保意识的不断提高和环保法规的日益完善，越来越多的企业开始注重环保投入和技术创新，以期在保护环境的同时，实现经济效益的最大化。这种实践不仅符合生态伦理观的要求，也为绿色经济的发展提供了强有力的支撑。同时，绿色经济的发展也为生态伦理观的实践提供了更广阔的空间和更多的可能性。从发展目标上看，生态伦理观的现代转化与绿色经济都致力于推动可持续发展目标的实现。生态伦理观强调人与自然的和谐共生，要求人类在利用自然资源的同时注重保护生态环境，而绿色经济则通过创新经济模式和技术手段，力求实现经济发展与环境保护的双赢。二者在发展目标上的高度一致性，为它们的契合提供了坚实的基础。

（二）传统文化中的经济智慧与绿色经济的融合

传统文化作为历史的积淀和智慧的结晶，其中蕴含着丰富的经济智慧。这些智慧，在现代社会与绿色经济的融合中，展现出独特的价值和意义。传统文化中的经济智慧，强调人与自然的和谐共生，倡导节约、循环利用等理念，这些理念与绿色经济所追求的可持续发展目标高度契合。在现代社会，随着环境问题的日益严重，人们开始重新审视传统文化中的经济智慧，寻求其中对现代经济发展的启示。

　　绿色经济作为一种新型的经济模式，强调在经济发展过程中注重生态环境保护，实现经济效益与生态效益的双赢。这一模式的提出，正是对传统经济发展模式反思的结果，而传统文化中的经济智慧，为绿色经济的发展提供了重要的思想资源和文化支撑。传统文化中的经济智慧与绿色经济的融合，不仅体现在理念上的相互借鉴，更在于实践中的相互结合。在现代社会，越来越多的企业和个人开始将传统文化中的经济智慧应用于绿色经济的发展中，通过创新经济模式和技术手段，实现经济发展与环境保护的双赢。这种融合不仅推动了绿色经济的快速发展，也为传统文化的传承和创新提供了新的契机。

（三）传统文化与现代科技的结合推动了绿色经济的创新

1. 传统文化中的生态智慧与现代环保科技的融合

　　传统文化中蕴含着丰富的生态智慧，如中国的"天人合一"思想，强调人与自然的和谐共生。这种思想与现代环保科技的融合，为绿色经济的创新提供了重要的思想基础。例如，在现代农业中，将传统农耕文化中的轮作、间作等耕作智慧与现代精准农业技术相结合，可以实现更高效、更环保的农业生产。这种融合不仅提高了农作物的产量和质量，还减少了化肥和农药的使用，降低了对环境的污染。此外，传统建筑文化中的节能、通风、采光等设计理念，也可以与现代绿色建筑技术相结合，打造出更加环保、节能的建筑。这种融合不仅提升了建筑的舒适度，延长了建筑的使用寿命，还降低了建筑的能耗和碳排放，为绿色经济的发展做出了重要贡献。

2. 传统文化中的节约理念与现代循环经济的结合

　　传统文化中强调节约、循环利用的理念，与现代循环经济的理念不谋而合。在现代社会中，通过科技手段实现资源的循环利用和废弃物的减量化、资源化，已成为绿色经济的重要组成部分。例如，在工业生产中，结合传统工艺中的废弃物再利用智慧，与现代清洁生产技术相结合，可以实现工业废弃物的有效回收和再利用。这种结合不仅降低了生产成本，还减少了环境污染，提高了资源利用效率。同时，在消费领域，传统文化中的节俭、适度消费理念也可以与现代共享经济相结合。通过共享平台，人们可以更加便捷地获取所需资源，减少浪费。这种结合不仅促进了资源的有效利用，还培养了人们的环保意识和节约习惯。

3. 传统文化中的创新精神与现代科技研发

传统文化中蕴含着丰富的创新精神，如中国的四大发明等。这种创新精神与现代科技研发的协同，为绿色经济的创新提供了强大的动力。在现代社会中，通过跨界合作、跨学科研究等方式，将传统文化中的创新元素与现代科技相结合，可以催生出更多具有创新性的绿色技术和产品。在新能源领域，结合传统文化中的风能、水能等能源利用智慧，与现代新能源技术相结合，可以开发出更加高效、环保的能源利用方式。这种结合不仅推动了新能源产业的发展，还为应对气候变化、保护环境做出了重要贡献。同时，在环保材料研发方面，也可以借鉴传统文化中的天然材料利用智慧，与现代材料科学相结合，研发出更加环保、可持续的替代材料，不仅可以减轻工业生产对环境的压力，还可以推动绿色经济的可持续发展。

第三节 绿色经济发展中传统文化的应用与实践

一、传统文化在绿色经济理念构建中的应用

（一）生态智慧的融入

生态智慧作为人类与自然长期互动中积累的知识和经验，是传统文化的重要组成部分。在绿色经济理念的构建过程中，生态智慧的融入不仅丰富了其理论内涵，还为其提供了实践指导。中国传统文化中的"天人合一""仁爱万物"等哲学思想，深刻体现了人与自然的和谐共生关系，这种关系不是简单的利用与被利用，而是相互依存、相互促进的有机整体。这种生态智慧与绿色经济倡导的可持续发展、生态平衡等理念高度契合，为绿色经济提供了深厚的哲学基础和道德支撑，进一步而言，传统农耕文明中的生态农业技术、

顺应自然的农耕方式等，都是生态智慧在实践中的具体体现。这些实践不仅有效提高了土地资源的利用效率，还维护了生态系统的稳定性和多样性。在绿色经济理念的构建中，这些实践智慧可以被视为宝贵的经验资源，为现代农业的绿色转型提供了有益的借鉴。此外，传统建筑智慧中的"天人合一"境界、通风采光等自然因素的利用、可再生材料和节能技术的使用等，都体现了人与自然和谐共生的生态理念。这些智慧不仅为现代绿色建筑的设计提供了灵感和启示，还为绿色城市的建设和发展提供了重要的思路和方法。因此，生态智慧的融入是传统文化在绿色经济理念构建中不可或缺的一部分，它丰富了绿色经济的理论内涵，为其提供了实践指导，并推动了绿色经济的可持续发展。

（二）传统文化与绿色经济行为的塑造

1. 节约资源的传统美德与绿色消费

节约资源作为中华民族的传统美德，深深植根于中国的历史文化之中。这一美德不仅体现了对自然资源的珍惜和合理利用，更与现代绿色经济中的节约理念相契合，共同倡导着一种可持续的生活方式。在传统文化中，"取之有度，用之有节"的消费观念，强调了适度消费和避免浪费的重要性，这种观念在绿色消费模式的形成和发展中起到了积极的引导作用。绿色消费作为一种新型的消费模式，强调在满足人们消费需求的同时，减少对环境的污染和破坏，实现经济与环境的双赢，而节约资源的传统美德，正是绿色消费理念的重要支撑。它鼓励人们在日常生活中注重节约资源、减少浪费，从而推动绿色消费模式的广泛普及和深入发展。进一步而言，传统文化中的"物尽其用"思想，也与绿色经济中的循环利用和废弃物减少理念相呼应。它倡导在生产和消费过程中，注重资源的最大化利用和废弃物的最小化产生，以实现资源的可持续利用和环境的可持续保护。

2. 保护环境的道德责任与绿色治理

保护环境作为人类共同的责任和使命，不仅关乎自然生态的平衡与稳定，更涉及人类社会的可持续发展。在中国传统文化中，保护环境的道德责任不仅被赋予了深厚的伦理意义，还强调了人与自然之间的和谐共生关系。这种伦理基石为现代绿色治理提供了重要的思想资源和价值导向。绿色治理作为绿色经济的重要组成部分，强调在环境治理中注重生态平衡、资源节约和环境保护，而传统文化的环保伦理思想，正是绿色治理理念的重要支撑。它倡导在生产和生活中注重环境保护，减少对环境的污染和破坏，实现经济与环境的协调发展。进一步而言，传统文化中的"天人合一"思想，也为绿色治理提供了重要的哲学基础。它强调人与自然的统一性和相互依存关系，鼓励人们在治理环境时注重人与自然的和谐共生，推动绿色治理模式的形成和发展。在现代社会中，随着环境问题的日益严峻，绿色治理已经成为各国政府和社会各界共同关注的焦点。而传统文化的环保伦理思想和"天人合一"的哲学基础，为绿色治理提供重要的思想资源和价值导向。在未来的发展中，我们应该进一步挖掘和传承传统文化中的环保智慧，推动绿色治理模式的创新和发展，以实现人与自然的和谐共生及可持续发展。

3. 传统文化在绿色教育中的角色与影响

绿色教育作为培养公众绿色意识和环保行为的重要途径，对于推动绿色经济的发展和社会的进步具有重要意义。而传统文化作为历史的积淀和智慧的结晶，其在绿色教育中扮演着不可或缺的角色，并对绿色意识的培养产生着深远的影响。传统文化中蕴含着丰富的生态智慧和环保伦理，这些智慧和伦理观念为绿色教育提供了宝贵的教学资源和思想基础。将传统文化中的生态智慧融入教育体系中，可以引导学生了解和认识人与自然的关系，培养他们的生态意识和环保责任感。同时，传统文化中的环保伦理思想也可以作为绿色教育的重要内容，引导学生树立正确的环保价值观和行为习惯。在绿色教育过程中，传统文化的传承与弘扬不仅丰富了教育内容，还增强了教育的文化底蕴和吸引力。通过学习和了解传统文化，学生可以更加深入地认识到自己文化的独特性和价值，从而增强对绿色发展的认同感和参与度。这种文化传承与绿色意识培养的交融共生，有助于推动绿色教育的深入发展和社会的可持续进步。

（三）传统文化与绿色经济的融合发展

1. 传统文化在绿色产业中的创新应用

在绿色产业的蓬勃发展中，传统文化以其独特的魅力和深厚的底蕴，为绿色经济的创新提供了丰富的灵感和源泉。传统文化在绿色产业中的创新应用，不仅为绿色产品注入了独特的文化内涵，还推动了绿色产业的差异化发展和品牌价值的提升。传统文化中的手工艺、民间技艺等非物质文化遗产，是绿色产业创新的重要资源。将这些传统文化元素与现代绿色技术相结合，可以开发出具有地方特色和文化内涵的绿色产品，满足消费者对绿色、环保、文化等多重价值的追求。这种创新应用不仅丰富了绿色产品的种类和形态，还提升了绿色产业的附加值和市场竞争力。同时，传统文化在绿色服务业中也展现出了广阔的应用前景。将传统文化元素融入生态旅游、绿色餐饮等绿色服务业中，可以提升旅游产品的文化内涵和吸引力，推动绿色服务业的快速发展。这种创新应用不仅拓展了绿色产业的领域和范围，还促进了传统文化的传承与弘扬。

2. 传统文化与绿色科技的融合创新

在绿色科技的不断演进中，传统文化以其深厚的历史底蕴和独特的智慧，为绿色科技的创新和发展提供了丰富的思想资源和灵感源泉。传统文化与绿色科技的融合创新，不仅推动了绿色科技的进步，还促进了传统文化的现代化转型和传承发展。传统文化中的生态智慧、工艺技艺和哲学思想，为绿色科技的创新提供了重要的启示和指导。将传统文化中的生态理念融入绿色科技研发中，可以推动绿色技术的创新和发展，提高资源利用效率，减少环境污染，实现经济与环境的协调发展。同时，传统文化中的工艺技艺也可以为绿色科技提供有益的借鉴和参考，推动绿色技术的实用化和产业化。在绿色科技的推广和应用中，传统文化也发挥着重要的作用。将传统文化元素融入绿色产品的设计和营销中，可以提升绿色产品的文化内涵和附加值，增强消费者对绿色产品的认同感和购买意愿。这种融合创新不仅推动了绿色科技的市场化进程，还促进了传统文化的传承和弘扬。

3. 传统文化在绿色国际合作中的桥梁作用

在全球绿色合作日益加深的今天，传统文化作为连接不同国家和民族的桥梁，正发挥着不可替代的作用。它不仅是各国历史与文化的独特标识，更是促进全球绿色共识形成的重要媒介。传统文化中蕴含着丰富的生态智慧和环保伦理，这些共同的价值观为国际的绿色合作提供了深厚的思想基础。通过展示和分享各自的传统文化，各国能够在生态环保、可持续发展等议题上找到共鸣，增进相互理解和信任，为绿色国际合作奠定坚实的基础。此外，传统文化在绿色技术和产业合作中也发挥着重要的桥梁作用。不同国家在传统工艺、自然资源利用等方面积累的独特经验和技术，为绿色技术的跨国界传播和应用提供了可能。通过国际的文化交流与合作，这些传统智慧得以在全球范围内共享，推动绿色技术的创新与发展，促进全球绿色经济的繁荣。

二、传统文化在绿色产业发展中的实践

（一）生态智慧的现代转化与绿色技术的创新

1. 传统文化中的生态智慧与现代科技的融合

中国传统文化中蕴含着丰富的生态智慧，如"天人合一"的哲学思想、"取之有度，用之有节"的消费观念以及诸多关于自然循环、生态平衡的传统知识。这些智慧不仅体现了古人对自然界的深刻洞察与敬畏，也为现代绿色技术的创新提供了宝贵的思想资源。例如，中医理论中的"五行学说"强调了自然界的相生相克与动态平衡，这一理念被引入现代生态农业中，促进了农作物轮作、间作等生态农业模式的发展，有效减少了化肥农药的使用，保护了生态环境。

2. 传统技艺的绿色改造与升级

中国拥有众多历史悠久的手工艺和民间技艺，这些技艺往往蕴含着对自然材料的巧妙运用和对生态环境的低影响生产方式。随着绿色产业的兴起，传统技艺正经历着绿色改造与升级。比如，竹编技艺在传统上主要用于制作生活器具，如今通过技术创新和设计改良，竹制品被广泛应用于家具、建筑

装饰等领域，既保留了传统文化的韵味，又实现了资源的可持续利用。此外，一些传统纺织技艺也通过采用天然染料和环保工艺，生产出了符合绿色消费需求的纺织品，推动了纺织行业的绿色发展。

（二）文化产业的绿色发展路径与绿色经济的多元化

1. 文化产业与绿色经济的深度融合

文化产业作为新兴产业的重要组成部分，具有低碳环保、创意无限的特点，与绿色经济具有天然的契合性。将传统文化元素融入文化产业的创意设计中，可以开发出具有独特魅力的文化产品和服务，满足公众日益增长的精神文化需求。同时，文化产业的绿色发展还可以带动相关产业链条的延伸和拓展，促进就业增长和经济结构优化。例如，依托丰富的历史文化资源发展文化旅游产业，不仅可以保护传承传统文化遗产，还可以推动当地经济的绿色转型和可持续发展。

2. 绿色文化产业模式的创新与实践

在绿色经济的大背景下，文化产业正在积极探索绿色发展模式。一方面，通过引入现代科技手段提升文化产业的创新能力和生产效率，降低能耗和排放；另一方面，注重提升文化产品与服务的文化内涵和生态价值，满足消费者对高品质、绿色健康生活的追求。例如，利用数字技术、虚拟现实等现代科技手段打造数字化博物馆、在线文化体验平台等新型文化产品和服务形态。同时注重文化产品的环保材料使用和包装设计创新，以减少环境污染和资源浪费。这些创新实践不仅丰富了文化产业的发展形态和内容，也推动了绿色经济的多元化发展。

三、传统文化在绿色消费中的推广

（一）创新与实践

1. 生态智慧与现代科技的融合

传统文化中的生态智慧作为历史长河中积淀下来的宝贵财富，其中蕴含着人与自然和谐共生的深刻哲理。在现代社会，面对日益严峻的环境挑战，这一智慧为寻求可持续发展路径提供了重要启示。与此同时，现代科技作为推动社会进步的重要力量，在解决环境问题、优化资源配置等方面展现出巨大的潜力。因此，将传统文化中的生态智慧与现代科技相融合，成为当前探索可持续发展模式的重要方向。在这一融合过程中，我们首先需要深入挖掘传统文化中的生态智慧，如"天人合一"的哲学思想、顺应自然的农耕方式等，这些智慧为我们提供了与自然和谐相处的典范。其次，我们需将这些智慧与现代科技相结合，通过科技创新来实现传统文化中的生态理念。例如，利用现代生物技术来模拟传统的生态农业模式，既保留了传统农业的环保特性，又提高了农业生产效率。再如，借助大数据和人工智能技术来优化资源配置，实现资源的可持续利用，这同样体现了传统文化中勤俭节约、物尽其用的思想。传统文化中的生态智慧与现代科技的融合，不仅是对历史的传承，更是对未来的创新。这一融合将为解决当前环境问题提供新的思路和方法，推动人类社会走向更加绿色、可持续的发展道路。在未来的实践中，我们应继续深化这一融合过程，探索更多传统文化与现代科技相结合的可能性，共同为地球的可持续发展贡献力量。

2. 与现代生产技术的有机结合

绿色消费品作为可持续发展的重要组成部分，其生产与推广对于促进环境友好型社会建设具有重要意义。在这一背景下，将传统工艺与现代生产技术有机结合，成为绿色消费品创新发展的重要路径。传统工艺作为文化遗产的重要组成部分，蕴含着丰富的历史和文化内涵，其独特的制作技艺和环保理念为绿色消费品的创新提供了宝贵的资源。然而，传统工艺往往受到生产效率、规模化生产等方面的限制。因此，将现代生产技术引入传统工艺中，实现两者的有机结合，成为推动绿色消费品创新发展的关键。在这一结合过程中，我们需要深入挖掘传统工艺中的环保理念和独特技艺，如使用可再生材料、减少废弃物产生等，这些理念为绿色消费品的生产提供了有益的启示。同时，我们需要利用现代生产技术来优化传统工艺的生产流程，提高生产效率，实现规模化生产。例如，引入自动化生产设备、优化生产流程等措施，可以显著提高绿色消费品的生产效率和产品质量。绿色消费品的传统工艺与现代生产技术的有机结合，不仅保留了传统工艺的独特魅力和环保特性，还实现了绿色消费品的规模化生产和市场推广。这一创新路径为绿色消费品的发展注入了新的活力，推动了可持续消费模式的进一步普及和推广。在未来的实践中，我们应继续深化这一结合过程，探索更多传统工艺与现代生产技术相结合的可能性，共同推动绿色消费品的创新与发展。

（二）传统文化活动平台在绿色消费推广中的运用

1. 传统文化节日与绿色消费活动的有机结合

传统文化节日作为民族文化的重要组成部分，承载着丰富的历史内涵和社会价值。在绿色消费日益受到关注的当下，将传统文化节日与绿色消费活动有机结合，不仅为绿色消费理念的传播提供了新的平台，也为传统文化节日的现代化转型注入了新的活力。在实践上，这种结合可以促进绿色消费品的销售和推广，提升公众对绿色消费的认知度和接受度。同时，通过节日活动的广泛参与性，绿色消费理念可以更加深入地渗透到社会各阶层，形成广泛的绿色消费文化。

2. 传统文化活动与绿色消费教育的有效融合

传统文化活动作为民族文化的重要载体，不仅承载着丰富的历史记忆，还蕴含着深刻的社会教育价值。在绿色消费日益成为时代潮流的背景下，将传统文化活动与绿色消费教育有效融合，不仅为绿色消费理念的普及提供了新的途径，也为传统文化活动的现代化转型和创新发展注入了新的活力。实现这一融合，需要深入挖掘传统文化活动中的绿色元素和生态智慧，如传统农耕文化中的节约资源、循环利用等理念，以及手工艺制作中使用的环保材料和技艺。将这些元素与绿色消费教育相结合，可以设计出既具有传统文化特色又符合绿色消费理念的教育活动。在实践层面，可以通过在传统文化活动中设置绿色消费知识展区、举办绿色消费讲座和工作坊、推广绿色消费品等方式，使公众在参与传统文化活动的同时，接受绿色消费的教育和引导。

（三）传统文化价值观在绿色消费理念传播中的引领作用

1. 传统文化价值观对绿色消费行为的引导与塑造

传统文化价值观作为民族文化的核心，其中蕴含着深厚的历史底蕴和丰富的哲学思想，其中不乏关于人与自然和谐共生的智慧。在绿色消费日益受到重视的今天，传统文化价值观对绿色消费行为的引导与塑造作用显得尤为重要。从机理层面分析，传统文化价值观通过其内在的生态伦理观、节约观和审美观等，对个体的消费选择产生着深远影响。这些价值观倡导尊重自然、顺应自然的生活方式，反对过度消费和浪费，从而引导个体形成绿色、可持续的消费习惯。在实践路径上，可以通过教育、媒体宣传等多种方式，将传统文化价值观融入绿色消费教育中，提升公众的绿色消费意识和实践能力。同时，政府和企业也可以借助传统文化价值观，推出符合绿色消费理念的产品和服务，进一步推动绿色消费市场的形成和发展。实证研究表明，传统文化价值观对绿色消费行为具有显著的正面影响。对比分析不同文化背景下的消费者行为，可以发现那些深受传统文化价值观影响的个体，更倾向于选择环保、可持续的产品和服务。这一发现为利用传统文化价值观引导绿色消费行为提供了有力的证据支持。

2. 绿色消费理念的传统文化传播渠道拓展与创新

绿色消费理念作为当代社会可持续发展的重要组成部分，其有效传播对于促进环境友好型消费模式的形成至关重要。鉴于传统文化在社会中的深远影响，拓展与创新绿色消费理念的传统文化传播渠道成为一项具有战略意义的任务。在策略层面，应深入挖掘传统文化中的生态智慧与绿色元素，将其与绿色消费理念相结合，形成具有文化特色的绿色消费传播内容。同时，利用传统节日、庆典等文化活动作为传播节点，通过举办绿色主题展览、讲座、工作坊等形式，提高绿色消费理念的公众认知度。然而，这一过程中也面临着诸多挑战，如传统文化与现代绿色消费理念之间的融合难度、传播渠道的有限性以及公众接受度的差异等。因此，需要在传播策略上不断创新，如利用数字技术、社交媒体等现代传播手段，扩大绿色消费理念的传播范围，提高传播效率。

第四节　传统文化与绿色产业的融合发展策略

一、传统文化与绿色产业的融合基础

（一）传统文化中的生态智慧

传统文化中蕴含着丰富的生态智慧，这些智慧与绿色产业的发展理念高度契合。在古老的东方文化中，人与自然和谐共生的观念深入人心。在传统文化的指导下，人们开始重新审视自然资源的价值，意识到过度开发和破坏环境将带来不可逆转的后果。因此，绿色产业作为一种可持续发展的经济模式，应运而生。它强调资源的循环利用、减少污染和节约能源，这与传统文化中的生态智慧不谋而合。通过融合传统文化，绿色产业不仅获得了理念上的支持，还得以在实践中不断创新和发展。

（二）绿色产业发展对传统文化的需求

随着全球环境问题的日益严重，绿色产业的发展成了当务之急。然而，绿色产业的发展并非一帆风顺，它需要得到社会各界的广泛认同和支持。在这方面，传统文化发挥了重要作用。首先，传统文化中的生态智慧为绿色产业提供了有力的道德支撑和文化底蕴，使得绿色产业的发展更加深入人心。其次，传统文化也为绿色产业的市场推广和品牌建设提供了丰富的素材。许多绿色企业开始挖掘传统文化中的元素，将其融入产品和服务中，从而打造出独具特色的绿色品牌。这些品牌不仅传承了传统文化，还通过创新的方式将绿色理念传递给更多消费者，推动了绿色产业的快速发展。

（三）传统文化与绿色产业融合分析

1. 文化价值的挖掘与传承

传统文化是中华民族五千年文明的积淀，其中蕴含着丰富的历史、哲学、艺术和生活智慧。在绿色产业的发展过程中，深入挖掘传统文化的价值，将其融入产品和服务中，不仅能够丰富产品的文化内涵、提升品牌价值，还能够唤起消费者的文化认同感，从而促进绿色产业的消费市场拓展。在绿色农产品的开发中，可以结合传统农耕文化和饮食文化，推出具有地域特色的绿色农产品。讲述产品背后的文化故事，让消费者在品尝美食的同时，感受到传统文化的魅力。此外，还可以将传统手工艺与绿色产业相结合，打造出独具特色的绿色手工艺品，既传承了传统手工艺，又符合现代人对环保、健康生活的追求。

2. 创新驱动与科技发展

传统文化与绿色产业的融合，离不开创新和科技的支撑。首先，引入现代科技手段，可以对传统文化进行创造性转化和创新性发展，使其能更好地融入绿色产业中。其次，科技创新还能为绿色产业提供新的发展机遇，推动产业的转型升级。在绿色建筑领域，可以利用传统建筑文化和现代科技手段相结合的方式，打造出既具有传统文化韵味又符合绿色建筑标准的建筑作品。通过采用节能、环保的建筑材料和技术手段，实现建筑的可持续发展。最后，在绿色旅游领域，也可以借助科技手段对传统文化资源进行数字化保护和开发，为游客提供更加丰富的旅游体验。

3. 产业链整合与协同发展

传统文化与绿色产业的融合还体现在产业链的整合与协同发展上。首先，将传统文化元素融入绿色产业的各个环节中，可以形成独具特色的产业链条，提升整个产业的附加值和竞争力。其次，这种融合还能够促进相关产业之间的协同发展，形成产业集群效应。具体来说，可以从原材料的采购，产品的设计、生产、销售以及后续服务等环节入手，将传统文化元素贯穿其中。例如，在原材料采购环节，可以选择具有地域特色的原材料；在产品设计和生产环节，可以融入传统手工艺和文化元素；在销售和后续服务环节，可以通过讲述产品背后的文化故事来提升品牌价值。最后，传统文化与绿色产业的融合还能够带动相关产业的发展。例如，绿色旅游的发展可以推动当地特色文化的传播和手工艺品的销售，而绿色农业的发展则可以促进传统农耕文化的传承和农产品的销售。这种产业链的整合与协同发展不仅能够提升绿色产业的竞争力，还能够为传统文化的传承与发展注入新的活力。

二、融合发展策略

（一）挖掘传统文化中的绿色元素

1. 整合地方文化资源，提炼绿色文化符号

在推动传统文化与绿色产业融合的过程中，整合地方文化资源并提炼绿色文化符号成为一项关键任务。地方文化资源是特定地域范围内各种文化要素的总和，包括历史遗迹、民俗风情、传统手工艺等，它们承载着丰富的地域特色和历史文化信息。通过系统地梳理和整合这些资源，我们能够更全面地了解地方文化的深厚底蕴，进而为绿色产业的发展提供有力的文化支撑。提炼绿色文化符号则是在整合地方文化资源的基础上，进一步挖掘和凝练具有代表性的绿色元素。这些绿色文化符号不仅体现了地方文化的独特魅力，还蕴含着人们对自然环境的敬畏与尊重，以及对可持续发展的追求。通过将这些符号巧妙地融入绿色产品和服务中，我们可以有效提升其文化内涵和市场竞争力，同时引导消费者形成绿色消费观念，推动社会的绿色发展。

2. 设计具有地方特色的绿色产品及服务

（1）地方文化资源的深入挖掘

地方文化资源是设计具有地方特色绿色产品及服务的基础。它涵盖了历史传说、民俗风情、自然景观等多个方面，是地方产生独特性和吸引力的源泉，而深入挖掘和提炼这些文化资源，需要采取科学的方法和系统的思路。

全面的文化资源调查与评估，包括收集相关文献资料、进行实地考察、访谈当地居民和专家等，以获取全面而准确的文化信息。在此基础上，对文化资源进行分类、整理和评估，明确其历史价值、艺术价值、科学价值以及市场潜力，需要综合考虑文化资源的独特性、可识别性以及与现代生活的契合度。可以选择具有象征意义的地方符号、图案或色彩作为设计元素，或者将地方特有的传统工艺和技术融入产品设计之中。将提炼出的文化元素进行创意转化，要求设计师具备深厚的文化素养和创新能力，能够将传统文化元素与现代设计理念相结合，创造出既具有地方特色又符合现代审美需求的绿色产品。

（2）绿色设计理念在产品形态、色彩、材质等方面的应用

绿色设计理念是实现绿色产品及服务可持续发展的关键。在将地方文化元素融入产品设计的过程中，必须始终坚持绿色、环保的原则，确保产品在形态、色彩、材质等方面都符合绿色发展的要求。在形态设计上，应注重产品的简约性和实用性。简约的形态不仅有助于减少材料的使用和能源的消耗，还能提升产品的美观度和易用性。同时，可以借鉴地方文化中的传统形态元素，如古建筑的结构、传统器物的造型等，将其巧妙地融入现代产品设计之中。在色彩设计上，应优先选择自然、环保的色彩。这些色彩不仅有助于营造清新、舒适的产品氛围，还能减少对环境的影响。同时，可以考虑将地方文化中的特色色彩融入产品设计之中，以增强产品的文化辨识度和地域特色。在材质选择上，应优先考虑可再生、可降解或对环境影响较小的材质。这些材质的使用有助于降低产品的环境负荷，实现资源的可持续利用。同时，可以探索将地方特有的天然材料或传统工艺材料应用于产品设计之中，以提升产品的独特性和文化价值。

（3）绿色服务体系的构建与提升

绿色服务是与绿色产品相配套的重要组成部分。构建和完善绿色服务体系，不仅有助于提升消费者的环保意识，还能进一步提高绿色产品的市场竞争力。提供与绿色产品相配套的回收再利用服务，这一服务旨在鼓励消费者将废弃的绿色产品进行回收，以实现资源的循环利用，如可以通过设立回收站点、提供回收奖励等方式来推动这一服务的实施。旨在帮助消费者更好地了解和使用绿色产品，提升其节能环保的意识和能力，如可以通过设立咨询热线、开展节能环保知识讲座等方式来提供这一服务。在满足基本绿色服务需求的基础上，可以探索提供更具创新和个性化的服务。例如，可以根据消费者的特定需求定制绿色产品或服务方案，或者提供与绿色生活相关的增值服务等。

（二）结合绿色产业，传承与创新传统文化

1. 融入传统文化元素

实现经济效益与文化价值的双重提升，同时也体现了对可持续发展的深刻追求。将传统文化元素融入绿色产业，意味着在产品的研发、设计、生产以及市场推广等各个环节都充分考虑并吸纳传统文化的精髓。这不仅包括在产品的外观设计上运用传统图案、色彩等元素，更涉及在产品内涵上体现传统文化的思想和价值观。例如，在绿色建筑的设计中，可以借鉴传统建筑的风格和空间布局的智慧，使建筑既符合现代绿色节能标准，又富有深厚的文化底蕴。此外，这种融合还有助于提升绿色产业的品牌形象和市场竞争力。传统文化元素的加入，能够使绿色产品更具特色，满足消费者对文化品位和生活品质的追求。同时，这也为传统文化的传承与发展开辟了新的路径，让传统文化在现代社会焕发出新的活力。

2. 创新传统文化表达方式

（1）了解年轻消费者，精准定位文化需求

年轻消费者作为当前市场的主要消费群体，他们的心理特点和消费需求具有鲜明的时代特征。他们追求个性、时尚，注重体验与互动，对新鲜事物充满好奇。因此，创新传统文化表达方式的首要任务便是深入了解这一群体的文化需求。这就要求我们进行市场调研，分析年轻消费者的文化偏好、消费习惯以及他们对传统文化的认知与态度。在此基础上，我们可以精准定位，找到传统文化与现代审美、价值取向的契合点，为后续的再创造与重新包装提供有力依据。

（2）结合流行文化元素，创新传统文化表达形式

传统文化的魅力在于其深厚的历史底蕴和独特的文化内涵。然而，要用这些元素吸引年轻消费者，就必须结合流行文化元素，创新表达方式。这可以通过多种途径实现：利用数字化技术，将传统文化内容以动画、漫画、游戏等年轻人喜爱的形式呈现出来，或者通过社交媒体平台，以短视频、直播等互动方式，让传统文化更加贴近年轻人的生活。此外，还可以尝试将传统

文化元素融入现代艺术、音乐、电影等流行文化产品中，创造出具有独特文化韵味的作品。这些创新方式不仅能让传统文化焕发新的活力，也能让年轻消费者在享受流行文化的同时，感受到传统文化的魅力。

（3）满足个性化需求

年轻消费者注重个性化和时尚感。因此，开发融合传统文化元素的时尚产品，是吸引他们关注传统文化的重要途径。这可以涉及多个领域，如设计独特的文创产品、推出融合传统与现代风格的服饰、打造具有文化特色的旅游体验等。在产品开发过程中，要注重传统文化的现代解读和时尚元素的巧妙融入，使产品既具有文化底蕴，又符合现代审美标准。同时，还要关注产品的实用性和互动性，让年轻消费者在使用过程中能够感受到传统文化的独特魅力，并愿意主动传播和分享。

（三）构建传统文化与绿色产业的协同发展机制

1. 建立跨界合作平台，促进资源共享与互补

建立跨界合作平台，促进资源共享与互补是推动产业发展和社会进步的重要举措。这一策略的核心在于打破行业壁垒，实现多元领域的资源整合和优化配置，从而提升整体效率和创新能力。跨界合作平台的构建，首先，需要建立一个开放、包容的沟通环境，使得不同行业、不同领域的企业、研究机构和政府部门能够共同参与，形成多元化的合作网络。其次，在此基础上，通过信息技术手段，如大数据分析、云计算等，实现各类资源的精准匹配和高效利用，促进资源的共享。同时，跨界合作平台还能有效促进资源的互补。最后，不同行业和领域具有各自独特的资源优势和专业技能，通过跨界合作，可以将这些优势和技能有机融合，产生"1+1>2"的效果。例如，科技企业可以提供先进的技术解决方案，而文化企业则能提供丰富的创意和内容资源，两者结合便能开发出更具创新性和市场竞争力的产品和服务。

2. 支持融合发展项目

完善政策体系以支持融合发展项目，是推动文化产业与绿色产业协同进步的关键举措。在当今社会经济快速发展的背景下，政府需要通过制定和实

施一系列具有针对性的政策措施，为融合发展项目提供坚实的制度保障和资金支持。完善政策体系意味着要构建一个多层次、全方位的政策框架，这包括但不限于财政扶持、税收优惠、金融支持、市场准入、人才培养和知识产权保护等方面。首先，通过财政扶持，政府可以为融合发展项目提供必要的启动资金和运营经费，降低项目的初始投入成本和市场风险。税收优惠则能够减轻企业的税收负担，提高其盈利能力，进而激发企业投身于融合项目的积极性。其次，金融支持政策，如贷款贴息、融资担保等，可以帮助解决融合项目在资金筹措方面的难题，增强其资金流动性和抗风险能力。市场准入政策的优化，能够简化审批流程，降低市场进入门槛，为融合项目的快速落地和成长创造有利条件。再次，人才培养政策的完善，则可以为融合项目提供源源不断的人才支持，确保其持续发展和创新能力的提升。最后，通过加强知识产权保护，可以保护融合项目的创新成果不被侵犯，维护其合法权益，从而营造一个公平、有序的市场竞争环境。

三、实施路径与保障措施

（一）加强人才培养与引进，提升融合发展能力

在实施传统文化与绿色产业的融合发展过程中，加强人才培养与引进是至关重要的一环。这一举措对于提升融合发展能力，推动两大领域的深度融合具有决定性意义。加强人才培养意味着需要建立完善的教育体系，特别是针对传统文化与绿色产业融合领域的专业课程和实训基地。系统的理论学习和实践操作，可以培养出既懂传统文化又了解绿色产业发展趋势的复合型人才。同时，鼓励高校、研究机构与企业进行紧密合作，共同开展项目研究和实践探索，形成产学研一体化的培养模式。通过制定具有吸引力的人才政策，如提供优厚的薪酬待遇、良好的工作环境和发展空间等，吸引国内外在传统文化与绿色产业融合领域有丰富经验和突出成果的专家和学者加入。他们的加入不仅可以带来先进的理念和技术，还能为本地人才培养提供宝贵的指导和帮助。

（二）拓宽融资渠道，为融合发展提供资金支持

在推动传统文化与绿色产业融合发展的过程中，拓宽融资渠道，为融合发展提供充足的资金支持显得尤为重要。资金是任何产业发展的命脉，对于传统文化与绿色产业的融合来说更是如此。这种融合往往涉及技术研发、市场推广、人才培养等多个方面，都需要大量的资金投入。为了实现融资渠道的多元化，我们应该积极探索各种可能的资金来源。除了传统的银行贷款和政府补贴，还可以考虑引入风险投资、私募股权等市场化融资方式。这些方式不仅能够为融合项目提供所需的资金，还能带来专业化的管理建议和市场资源，有助于项目的长期发展。同时，我们还应充分利用资本市场，通过股票、债券等金融工具进行融资，进一步扩大资金来源。此外，众筹等新型融资方式也不失为一种有效的选择，它们能够汇聚广大网友的力量，为融合项目提供资金支持的同时，也增加了项目的社会影响力和市场关注度。

（三）建立健全监管机制，确保融合发展质量与安全

在传统文化与绿色产业融合发展的过程中，建立健全的监管机制是确保融合发展质量与安全的关键环节。监管机制的完善不仅能够有效防范潜在风险，还能为融合项目的顺利推进提供制度保障。具体而言，建立健全的监管机制需要从多个维度入手。首先，要明确监管主体和监管职责，确保各部门之间的协同配合，避免出现监管空白或重叠。其次，应制定详细的监管标准和流程，对融合发展的各个环节进行严格把控，从而确保产品和服务的质量符合相关标准和规范。最后，加强信息披露和透明度也是监管机制的重要组成部分。公开融合发展项目的相关信息，如项目进度、财务状况、风险评估等，可以增强市场的信心和信任，同时也有助于及时发现和纠正存在的问题。建立健全的监管机制还需要强化责任追究和惩罚机制，对于违反规定或标准的行为，应依法进行惩处，以儆效尤。这样不仅能够维护市场的公平竞争，还能为传统文化与绿色产业的融合发展营造一个健康、有序的市场环境。

第六章　传统文化与生态环境保护的协同发展

第一节　传统文化中的生态观与现代应用

一、传统生态观在现代社会中的应用与传承

（一）引导绿色生活方式

传统生态观强调人与自然的和谐关系，这一理念在现代社会中得到了广泛的应用。随着环境问题的日益严重，人们开始反思过去的生活方式，并寻求更加环保、可持续的生活模式。传统生态观中的"天人合一""道法自然"等思想，为现代人提供了宝贵的启示。

在现代生活中，人们越来越注重绿色、健康的生活方式。例如，在选择食材时，更倾向于有机、无公害的农产品；在出行方式上，更多地选择公共交通、骑行或步行等低碳方式；在居家生活中，注重节能减排，使用环保材料和节能电器。这些生活方式的转变，正是传统生态观在现代社会中的具体应用。为了更好地传承和应用传统生态观，政府和社会各界也在积极推广绿色生活方式。例如，政府出台了一系列环保政策，鼓励使用清洁能源、推广绿色建筑等；媒体和公益组织也通过各种渠道宣传环保理念，增强公众的环

保意识。这些举措有助于将传统生态观融入现代生活中，推动社会的可持续发展。

（二）促进生态文明建设

传统生态观在生态文明建设中发挥着重要作用。生态文明建设是现代社会发展的重要方向，它强调人类与自然环境的和谐共生。传统生态观中的"尊重自然、顺应自然、保护自然"的理念，为生态文明建设提供了有力的思想支持。在生态文明建设中，我们可以借鉴传统生态观中的智慧，推动绿色发展、循环发展和低碳发展。例如，在城市规划中注重生态保护，保留湿地、林地等自然生态系统；在产业发展中推广清洁能源和循环经济模式，减少污染排放；在社会管理中加强环保宣传教育，增强公众的环保意识。这些措施都有助于将传统生态观融入生态文明建设之中。同时，政府也在积极推动生态文明建设。例如，制定相关政策法规来保护环境资源、推广绿色技术等。这些政策法规的制定和实施需要借鉴传统生态观的智慧，以确保其科学性和有效性。

（三）融合传统与现代的创新发展

传统生态观不仅为现代社会提供了宝贵的思想资源，还与现代科技相结合，推动了创新发展。在现代社会中，随着科技的进步和社会的发展，人们对于生活质量的要求也在不断提高。将传统生态观与现代科技相结合，可以创造出更加环保、高效的产品和服务。在建筑设计中融入传统生态观的元素，可以打造出既具有文化底蕴又节能环保的建筑作品；在农业生产中运用传统农耕智慧与现代农业科技相结合的方法，可以在提高农产品产量和质量的同时保护环境；在旅游开发中注重生态旅游的开发与保护并重的原则等。此外，传统生态观的传承也需要与现代教育和文化传播方式相结合。通过教育，引导公众了解和认识传统生态观的价值和意义；通过文化传播方式，将传统生态观传递给更广泛的人群；通过科技创新，推动传统生态观在现代社会中的应用和发展等。

二、传统文化生态观的主要表达理念

（一）和谐共生理念

和谐共生理念是传统文化生态观中的核心理念之一，它强调的是人类与自然之间的平衡与协调。在传统文化中，人类被视为自然界的一部分，而非其主宰。和谐共生理念体现了对自然规律的深刻理解和尊重，它倡导人类应当顺应自然、与自然和谐共处，而非单纯地开发与利用。这种理念认为，自然界中的万物都有其存在的价值和意义，人类应当尊重并保护这种多样性。人类社会的发展不应以牺牲自然环境为代价，而是要在保护环境的基础上实现可持续发展。和谐共生不仅是一种生态伦理观念，也是一种生活态度和实践原则。在现代社会中，和谐共生理念仍然具有重要的指导意义。面对日益严峻的环境问题，人类需要转变对自然的态度，从征服转变为合作，与自然建立起一种平等、互利、共生的关系。只有这样，我们才能在保护地球生态环境的同时，实现人类社会的长久繁荣与发展。

因此，和谐共生理念不仅是对传统文化的传承，更是对现代社会发展的一种深刻启示。它提醒我们，要时刻保持对自然的敬畏之心，以更加负责任的态度来面对我们共同的家园——地球。总之，和谐共生理念是传统文化生态观中的宝贵财富，它为我们提供了一种全新的视角和思考方式，有助于我们更好地理解和处理人与自然的关系，实现人与自然的和谐共处。

（二）节约用度与取之有道的消费观念

1. 倡导绿色消费

古代思想家们深知自然资源的有限性，因此他们大力倡导勤俭节约，反对奢侈浪费。在他们看来，浪费不仅是个人品德的败坏，更是对自然资源的亵渎。这种节约用度的观念，在现代社会显得尤为重要。随着经济的快速发展和消费水平的不断提高，过度消费和浪费现象日益严重。一次性用品的泛滥、食品浪费的普遍、过度包装的盛行等问题层出不穷。这些行为不仅加剧了资源消耗，还给环境带来了沉重的负担。因此，我们应当深刻反思消费习惯，树立节约意识，从日常生活中做起，减少浪费行为。同时，倡导绿色消费也是节约用度观念的重要体现。绿色消费强调选择环保、节能、可再生的产品和服务，减少对环境的污染和破坏。例如，选择使用环保购物袋、购买节能家电、支持可再生能源等。这些行为不仅有助于节约资源，还能推动社会的可持续发展。

2. 科学开发与利用资源

传统文化生态观还强调在获取自然资源时要遵循自然规律，不可过度开采和破坏。这一观念提醒我们，在开发和利用自然资源时，必须遵循科学规划、合理开采的原则，确保资源的可持续利用。现代社会对自然资源的需求日益增长，但过度开采和不合理利用已经导致了许多环境问题。森林砍伐、水资源过度开发、矿产资源过度开采等行为都严重威胁着生态平衡和资源的可持续利用。因此，我们必须认识到自然资源的珍贵性，遵循取之有道的消费观念，科学规划资源的开发和利用。为了实现资源的可持续利用，政府和企业应当加强合作，制订科学合理的资源开发计划。同时，加大监管力度，严厉打击非法开采和破坏环境的行为。

3. 现代社会的实践与应用

节约用度和取之有道的消费观念在现代社会中具有广泛的实践意义。在家庭教育方面，家长应当引导孩子养成勤俭节约的好习惯，从小培养他们的环保意识。在学校教育中，也应当加强节约资源和环保知识的教育，增强学生的环保意识和实践能力。在社会层面，企业应当积极推动绿色消费和循环经济的发展。同时，媒体和公益组织也应当发挥积极作用，通过宣传和教育活动增强公众的环保意识和节约意识。例如，开展节能减排知识普及活动、推广绿色生活方式等。这些举措有助于将传统生态观中的节约用度和取之有道的消费观念深入人心，推动社会的可持续发展。

（三）顺应自然与因势利导的生活态度

1. 顺应自然，与自然和谐共生

顺应自然要做到的是尊重自然规律。自然界有其自身的运行法则，人类作为自然界的一部分，必须遵循这些法则，与自然和谐共生。古人通过观察自然现象，总结出了许多自然规律，如四季更替、昼夜交替等。他们深知，只有顺应这些规律，才能与自然和谐相处，实现人类社会的可持续发展。在现代社会中，顺应自然的生活态度依然具有重要意义。随着科技的进步，人类虽然在一定程度上能够改造自然，但过度的人为干预往往会破坏生态平衡，给人类带来灾难性的后果。因此，我们应该尊重自然规律，避免对自然过度开发和破坏。例如，在城市规划中，应充分考虑生态环境的保护，保留足够的绿地和湿地，以维持城市的生态平衡。

2. 灵活应对，把握时机

因势利导，即根据实际情况，灵活应对、把握时机。古人深知，自然界的变化无常，人类必须学会适应这些变化，才能在复杂多变的环境中生存下来。他们通过观察自然现象，预测天气变化，合理安排农事活动，这体现了因势利导的智慧。在现代社会中，因势利导的生活态度同样重要。面对瞬息万变的社会环境，我们必须学会灵活应对、把握时机。在工作和生活中，我们要善于观察和分析形势，根据实际情况做出正确的决策。例如，在市场竞争激烈的环境下，企业应密切关注市场动态，及时调整经营策略，以适应市场需求的变化。同时，个人也应根据自身情况，合理规划职业发展，不断提升自己的综合素质，以应对不断变化的职场环境。

3. 与自然和谐相处的精神境界

顺应自然与因势利导的生活态度还体现在内心平和的精神境界上。古人认为，人类与自然是一体的，只有达到内心平和的境界，才能真正与自然和谐相处。他们通过修身养性、静心冥想等方式，让自己的内心达到平和与宁静。在现代快节奏的生活中，我们往往容易被各种纷繁复杂的情绪所困扰，导致内心失衡。然而，只有保持内心平和，我们才能更好地应对生活中的挑战和压力。因此，我们应该学会调整自己的心态，保持积极乐观的生活态度。同时，可以通过培养一些兴趣爱好、进行适量的运动等方式，来放松身心、释放压力。这样不仅能提升我们的生活质量，还能让我们更加珍惜与自然的和谐共生。

第二节　生态环境保护政策与传统文化智慧的结合

一、传统文化智慧在生态环境保护中的作用

（一）提供生态文明理念

传统文化智慧作为历史长河中沉淀下来的思想精髓，为现代生态文明理念提供了深厚的思想根基。人与自然之间的内在联系和相互依存的关系及这种整体性、系统性的思维方式，为生态文明理念的形成提供了基础。传统文化强调人与自然的和谐共生，倡导顺应自然、尊重生命，与现代生态文明所追求的可持续发展、绿色生活等理念不谋而合。传统文化中的生态智慧通过具体的实践活动得以体现。农耕文明中蕴含的轮作休耕、水土保持等智慧，实际上就是一种朴素的生态管理理念。这些实践活动所蕴含的尊重自然、顺应自然的哲学思想，为现代生态文明理念提供了历史经验和实证支持。在现代社会，面对日益严峻的生态环境挑战，需要从传统文化中汲取智慧，与现代科学知识相结合，构建具有中国特色的生态文明理念。这一理念不仅强调人与自然的和谐共生，还注重经济社会的可持续发展，体现了传统文化智慧与现代文明理念的有机融合。因此，深入挖掘和传承传统文化智慧，对于推动生态文明理念的创新与发展具有重要意义。

（二）塑造生态意识与行为规范的深刻影响

传统文化以其深厚的历史底蕴和独特的哲学思想，潜移默化地影响着人们的思维方式和行为模式，使生态文明理念得以在日常生活中落地生根。人们逐渐形成的尊重自然、顺应自然的生态意识，体现在对自然资源的合理利用、对生态环境的保护以及对生物多样性的尊重上。传统文化中强调人与自然的和谐共生关系，倡导人们在生产生活中遵循自然规律，实现人与自然的和谐相处。同时，传统文化智慧还通过一系列的行为规范来引导人们实践生

态文明理念。通过轮作休耕、水土保持等实践来维护生态平衡，这些实践经验逐渐演化为一套完整的行为规范，指导着人们的生产生活。在现代社会，这些行为规范仍然具有重要的指导意义，提醒人们要在生产生活中注重资源节约和环境保护，实现经济社会的可持续发展。传统文化通过其深厚的哲学内涵和丰富的实践经验，引导人们树立正确的生态观，践行生态文明理念，为实现人与自然的和谐共生提供了有力的思想武器和实践指导。

二、生态环境保护发展与传统文化智慧

（一）生态保护的源头活水

传统文化是历史的积淀，其中蕴含着丰富的生态保护智慧。在古代，人们就已经意识到人与自然和谐共生的重要性，并形成了一系列朴素的生态保护理念。在农业生产的实践中，形成了精耕细作、轮作休耕等传统的农业技术，有效地保护了土壤和水资源。此外，传统文化中还蕴含着丰富的生物多样性保护思想。在古代，人们就已经认识到生物多样性的重要性，并形成了保护野生动植物的传统。在一定程度上允许对自然资源的利用，但同时也强调了取之有度、用之有节的原则，体现了对生物多样性的尊重和保护。这些传统的生态保护智慧，为今天的生态环境保护工作提供了宝贵的思想资源和实践经验。我们应当深入挖掘和传承这些智慧，将其与现代生态保护理念相结合，形成具有中国特色的生态环境保护体系。

（二）融合创新

在现代社会，面临着前所未有的生态环境挑战，需要更加科学、有效地进行生态保护，而传统文化中的生态保护智慧，可以为我们提供有益的启示和借鉴。传统农业中的精耕细作、轮作休耕等技术，可以与现代农业科技相结合，形成更加高效、环保的农业生产方式。通过推广这些技术，我们可以减少化肥、农药的使用，降低农业面源污染，保护土壤和水资源。同时，我们还可以借鉴传统文化中的生物多样性保护思想，建立更加完善的生物多样

性保护体系，保护濒危物种和生态系统。在融合创新的过程中，需要注重传统文化的现代化解读和科学验证。传统文化中的生态保护智慧虽然具有宝贵的价值，但也需要经过现代科学的验证和改进，才能更好地应用于现代生态环境保护实践中。因此，我们应当加强跨学科的研究与合作，将传统文化智慧与现代科技相结合，共同推动生态环境保护的创新与发展。

（三）实践探索

将传统文化智慧应用于生态环境保护实践中，需要进行具体的探索和实践，包括政策制定、技术应用、社会宣传等多个方面。借鉴传统文化中的生态保护思想，制定更加科学、合理的生态环境保护规定。可以制定鼓励农民采用传统农业技术的制度，提供技术支持和资金补贴；还可以制定保护生物多样性的制度，建立自然保护区、野生动植物保护基地等。在技术应用方面，可以将传统文化中的生态保护技术与现代科技相结合，开发更加高效、环保的生态环境保护技术；还可以利用传统文化中的生物多样性保护思想，开发出生态修复技术、生态工程技术等。在社会宣传方面，可以通过各种渠道和形式，宣传传统文化中的生态保护智慧和现代生态环境保护理念，例如，可以通过媒体、网络等渠道进行宣传和教育；还可以组织各种形式的生态保护活动、展览等，让更多的人了解和参与到生态环境保护中来。

三、水资源保护与传统文化智慧

（一）借鉴传统文化智慧，创新水资源保护技术

1. 水资源保护技术创新

传统文化中蕴含着丰富的生态理念，对于指导现代水资源保护技术创新具有重要意义。为了将这一生态理念应用于水资源保护技术创新，可以借鉴古代水利工程的设计理念和施工方法，既能实现灌溉、防洪、航运等多重功能，同时又对水生态系统的影响较小。在现代水资源保护技术创新中，可以借鉴都江堰工程的生态友好型设计理念，开发出具有多重功能且对环境影响

较小的水资源保护技术。此外，还可以挖掘传统文化中的其他生态理念，如"节水优先""以水养水"等，将这些理念与现代水资源保护技术相结合，创新出更加高效、环保的水资源保护技术。例如，可以研发出基于节水理念的智能灌溉系统，通过精确控制灌溉水量和时间，提高农田水资源的利用效率；还可以开发出基于"以水养水"理念的生态修复技术，通过保护和恢复水生态系统来提高水资源的自然净化能力和生态服务功能。

2. 优化水资源保护技术方案

传统农耕文化中蕴含着丰富的水资源保护实践经验，这些经验对于优化现代水资源保护技术方案具有重要价值。例如，传统农耕文化中的轮作休耕制度、水土保持措施等，都是通过长期的实践探索和总结得出的有效保护水资源的方法。为了将这些传统农耕文化中的实践经验应用于现代水资源保护技术方案中，可以进行深入的实地调研和案例分析。通过调研和分析，了解传统农耕文化中水资源保护实践的具体做法和效果，以及其中蕴含的生态智慧和科学原理。在此基础上，我们可以结合现代科技手段和方法，对这些传统做法进行改进和优化，形成更加科学、高效的水资源保护技术方案。该系统可以根据农田的实际情况和农作物的生长需求，精确控制灌溉水量和时间，实现农田水资源的最大化利用。针对传统文化中的水土保持措施，我们可以结合现代生态工程技术和材料科学，开发出更加环保、耐用的水土保持材料和技术。例如，可以研发出具有高强度、抗侵蚀、耐老化等特性的生态护坡材料，用于坡耕地的改造和植被恢复工作。这些材料和技术不仅可以有效地减少水土流失现象的发生，还可以提高农田的生态环境质量和农产品的产量及品质。

3. 推动水资源保护技术的创新与发展

为了实现这一目标，我们需要加强跨学科的研究与合作，将传统文化智慧与现代科技手段相结合，共同探索新的水资源保护技术路径和方法。在具体实践中，可以建立跨学科的研究团队，其中包括水资源保护专家、传统文化研究者、现代科技工程师等，共同开展研究工作。通过团队的合作与交流，可以将传统文化智慧中的生态理念和实践经验与现代科技手段相结合，创新出更加高效、环保的水资源保护技术。同时，可以加强与国际社会的交流与合作，共同推动水资源保护技术的创新与发展。通过对国际先进的水资源保护技术和经验进行交流与学习，我们可以不断拓宽视野和思路，为创新水资源保护技术提供更多的灵感和动力。

（二）传统生态智慧在水资源保护中的实践

1. 古代生态修复技术的现代应用

传统文化中蕴含着丰富的生态修复智慧，如古代的湿地恢复、河流治理等实践。这些传统技术往往注重生态系统的整体性与自然恢复力，通过模拟自然过程来实现生态环境的改善。在现代水资源保护中，我们可以将这些传统生态修复技术与现代生态工程技术相结合，研发出更为高效、环保的水资源保护方案。例如，可以运用古代湿地恢复的技术原理，结合现代生态工程手段，开展城市湿地公园的建设与修复工作，提高城市的水资源净化能力与生态服务功能。

2. 传统农耕文化中的水资源保护实践

传统农耕文化中蕴含着丰富的水资源保护实践，如轮作休耕、水土保持等农耕技术。这些技术通过减少土壤侵蚀、提高土壤保水能力等方式，有效地保护了农田水资源。在现代水资源保护中，我们可以将这些传统农耕技术与现代农业科技相结合，推广节水农业模式，减少农田灌溉用水量，提高水资源的利用效率。同时，还可以借鉴传统农耕文化中的水土保持经验，开展坡耕地改造、植被恢复等水土保持工作，减少水土流失对水资源的影响。

（三）提升公众的水资源保护意识

1. 推广水资源保护实践

通过具体的实践活动，公众可以亲身体验到水资源保护的紧迫性和重要性，从而形成更加深刻的保护意识。鼓励公众从日常生活做起，采取节水措施，如安装节水器具、合理安排家庭用水等。同时，我们还可以倡导公众参与水资源保护的志愿服务活动，如清理河流垃圾、监测水质等。通过这些实践活动，公众可以更加直观地了解到水资源保护的实际需求。借助一些具有影响力的公众人物或机构，推广水资源保护实践。例如，邀请知名环保人士或明星担任水资源保护宣传大使，通过他们的言传身教和影响力，吸引更多的公众关注和参与到水资源保护中来。在推广水资源保护实践的过程中，我们还需要注重实践活动的可持续性和长期性。通过建立水资源保护志愿者团队、设立水资源保护基金等方式，为实践活动提供持续的支持和保障，确保实践活动的长期开展和持续发挥效果。

2. 构建水资源保护的社会氛围

想要提升公众的水资源保护意识，还需要构建一种全社会共同关注和支持水资源保护的社会氛围与文化。只有当水资源保护成为一种社会共识和普遍行为时，我们才能实现水资源的可持续利用。为了实现这一目标，我们需要通过多种途径营造水资源保护的社会氛围。例如，可以通过举办水资源保护主题的文艺演出、摄影比赛等活动，吸引公众的关注和参与；还可以通过设立"水资源保护日"等纪念性活动，增强公众对水资源保护的记忆和认同感。

同时，借助媒体的力量，宣传水资源保护的典型案例和成功经验。报道那些在水资源保护方面做出突出贡献的个人或团体事迹，激发更多公众的模仿和学习行为。在构建水资源保护文化的过程中，我们还需要注重与传统文化和现代文化的结合，将水资源保护理念融入传统文化元素中，如创作以水资源保护为主题的诗词、歌曲等文艺作品，可以增强公众对水资源保护的文化认同感和归属感。我们还可以利用现代科技手段和创新思维，开发具有时代特色的水资源保护文化产品和服务，以满足不同年龄段和群体的需求。

第三节　传统文化在生态修复与环境治理中的作用

一、传统文化在生态修复中的应用分析

（一）传统农耕技术的生态修复价值

1. 维护土壤生态平衡，促进生物多样性

轮作与休耕制度在传统农耕中占据重要地位，是古人智慧的结晶，对于维护土壤生态平衡和促进生物多样性具有显著效果。轮作制度通过在不

同季节种植不同的农作物，有效避免了单一作物连续种植导致的土壤养分耗竭和病虫害积累。这种制度使得土壤中的养分得到均衡利用，不同作物对土壤养分的吸收和利用也有所差异，从而避免了土壤养分的过度消耗。同时，轮作还能打乱病虫害的生命周期，减少病虫害的发生和传播。休耕制度则是在一定时期内停止耕作，让土地得以休养生息、恢复地力。在休耕期间，土壤中的微生物和动物得以繁衍生息，有机物质得到分解和转化，土壤结构得到改善，这不仅有助于恢复土壤的肥力，还能提高土壤的抗灾能力。在现代生态修复中，轮作与休耕制度被广泛应用于退化土地的治理和恢复。科学合理的轮作休耕安排，不仅提高了土地的生产力，还促进了生物多样性的恢复和生态系统的稳定性。例如，在一些退化草地上实施轮作休耕制度，通过种植不同种类的牧草和豆类作物，不仅改善了草地的植被结构，还提高了草地的生产力和生态功能。同时，轮作休耕制度还有助于减少化肥和农药的使用量，降低对环境的污染，实现农业生产的可持续发展。

2. 促进生态环境良性循环

传统农耕中的有机肥料使用也是生态修复的重要手段之一。有机肥料来源于动植物残体、排泄物等天然物质，经过发酵腐熟后施入土壤，能够显著改善土壤结构、提高土壤肥力、促进作物生长。相比化学肥料，有机肥料具有环保、可持续等优点，它含有丰富的有机质和微生物，能够改善土壤的物理性质，增加土壤的团粒结构和透气性，提高土壤的保水保肥能力。同时，有机肥料还能为土壤提供全面的养分，满足作物生长的需要、提高作物的产量和品质。在现代生态修复中，推广使用有机肥料成为一种趋势。通过降低对化学肥料的依赖，进而降低农业面源污染，促进生态环境的良性循环。例如，在一些果园和茶园中推广使用有机肥料，不仅提高了果树的产量和品质，还改善了茶园的生态环境，减少了病虫害的发生。同时，有机肥料的使用还有助于培养土壤的微生物群落，提高土壤的生态功能，为作物的生长提供更好的生态环境。加强生态与环境治理措施，如表6-1所示。

表 6-1　加强生态与环境治理措施

重点任务	优化国土空间开发格局	全面促进资源节约	加大自然生态系统和环境保护力度	改革生态环境监管体制
管理手段	（1）调整空间结构； （2）加快实施主体功能区战略； （3）提高海洋资源开发能力，发展海洋经济	（1）加强资源利用全过程节约管理； （2）控制能源消费总量； （3）严守耕地保护红线，严格土地用途管制； （4）加强水源地管理和用水总量控制	（1）重大生态修复工程； （2）水、土壤、大气污染防治运动； （3）加强防灾减灾体系建设	（1）建立体现生态文明要求的目标体系、考核办法、奖惩机制； （2）建立国土空间开发保护制度，完善耕地保护制度、水资源管理制度、环境保护制度； （3）建立资源有偿使用制度和生态补偿制度； （4）健全生态环境保护责任追究制度和环境损害赔偿制度

3. 保护土地资源和水资源

传统农耕中的水土保持技术也对生态修复具有重要意义。古代农民在长期的生产实践中积累了丰富的水土保持经验，如修建梯田、种植防护林等。这些措施有效减少了水土流失和土壤侵蚀，保护了土地资源和水资源。

在现代生态修复中，这些传统水土保持技术被广泛应用于山区、丘陵区等水土流失严重地区的治理和恢复。通过科学合理地规划和实施，这些技术有效地改善了区域生态环境质量。例如，在一些山区和丘陵区实施梯田建设和防护林种植项目，不仅减少了水土流失和土壤侵蚀，还提高了土地的利用效率和生产能力。同时，这些项目的实施还有助于改善当地的生态环境和气候条件，为当地居民提供更好的生活环境和生产条件。

（二）传统生态知识的生态修复应用

传统生态知识是古人在长期与自然相处过程中积累下来的宝贵财富，其中蕴含着丰富的生态修复智慧。通过观察和研究自然生态系统中的生物种群关系，他们认识到生物多样性对于维持生态系统平衡和稳定的重要性，并采取了一系列措施来保护生物多样性，如保护珍稀动植物资源、维护生态平衡等。在现代生态修复中，保护生物多样性成为重要的目标之一。通过引入和恢复本土物种、建立生态廊道等措施，促进生物多样性的恢复和发展，提高生态系统的自我调节能力和抗干扰能力。人类在长期的生产实践中积累了丰富的水资源管理经验，如修建水库、开凿水井等。这些措施不仅满足了人类生产生活用水需求，还有效地调节了水资源分配和利用。在现代生态修复中，水资源管理成为重要的环节之一。通过科学合理的水资源规划和利用，可以保障生态系统的水分供应和循环畅通，促进生态环境的恢复和改善。通过观察和研究土壤的性质和变化规律，总结出了一系列土壤改良措施，如施用有机肥、深耕细作等。在现代生态修复中，土壤改良技术被广泛应用于退化土地的治理和恢复中。通过科学合理地实施土壤改良措施，可以促进土壤生态系统的恢复和发展，提高土地的生产力和生态环境质量。

（三）传统文化符号与生态修复的结合

1. 生态景观设计

生态景观设计是生态修复的重要组成部分，它旨在通过科学合理的规划和设计手段，创造出既符合生态规律又具有美学价值的景观空间。在这个过程中，融入传统文化符号元素，如传统图案、色彩搭配等，可以为景观空间赋予深厚的文化底蕴和独特的艺术魅力。传统文化符号在生态景观设计中的应用是多方面的。首先，在景观的布局和规划中，可以借鉴传统园林的设计理念，运用借景、对景等手法，创造出具有层次感和空间感的景观效果。其次，在景观元素的选择上，可以融入传统图案和纹样，如祥云、龙凤、山水等，这些图案不仅美观大方，还蕴含着丰富的文化内涵和象征意义。最后，传统色彩搭配也可以为景观空间增添独特的韵味和氛围，如青瓦白墙、红木绿竹等色彩组合，既符合生态原则，又体现了传统美学。融入传统文化符号的生态景观设计不仅提升了景观的美学价值，还增强了公众对传统文化的认知感和认同感。这些具有文化内涵的景观空间成为了人们了解传统文化、感受自然之美的重要场所。同时，它们也激发了公众对生态修复项目的关注，推动了生态修复事业的持续发展。

2. 生态教育宣传

将传统文化符号与环保理念相结合，可以创作出具有感染力和吸引力的宣传作品，如海报、宣传册等，能够有效提高公众对环保问题的认识和关注度。在生态教育宣传中，传统文化符号的应用具有独特的优势。首先，传统文化符号具有广泛的认知度和认同感，能够迅速吸引公众的注意力。其次，传统文化符号蕴含着丰富的文化内涵和精神价值，可以与环保理念相结合，形成具有深度和广度的宣传内容。借助传统文化符号的生态教育宣传不仅增强了公众的环保意识，还促进了传统文化的传承和发展。这种宣传方式使得环保理念更加深入人心，形成了全社会共同关注环境保护的良好氛围。同时，它也推动了传统文化与现代社会的融合发展，为传统文化的传承注入了新的活力和动力。

3. 地方特色产业发展

在特定区域或文化背景下开展生态修复项目时，融入当地传统文化符号元素不仅能够促进生态环境的改善和提升，还能够为地方特色产业的发展和经济增长点的培育提供新的机遇。这种将传统文化符号与生态修复相结合的发展模式实现了生态环境与经济发展的双赢。在一些具有丰富历史文化底蕴的旅游景区或历史文化名城开展生态修复项目时，可以将当地传统文化符号元素融入其中，打造出具有地方特色的生态旅游景点或文化产业园区。例如，在修复古建筑或历史遗迹时，可以保留和恢复其传统的建筑风格和文化元素；在规划生态旅游景点时，可以结合当地的文化传说、民俗活动等元素，创造出具有独特魅力的旅游体验。这些措施不仅提升了生态修复项目的文化内涵和地域特色，还吸引了更多的游客前来参观游览，带动了当地经济的发展和繁荣。同时，结合传统文化符号的生态修复项目还为地方特色产业的发展提供了新的机遇，例如，依托生态旅游景点或文化产业园区发展特色旅游、文化创意产业等；也可以结合当地的传统手工艺、美食文化等元素开发特色旅游产品和文化衍生品。这些产业的发展不仅为当地居民提供了更多的就业机会和收入来源，还推动了地方经济的多元化和可持续发展。

二、传统文化促进环境治理的机制

（一）文化认知的塑造与引导

传统文化在塑造公众环境认知方面发挥着不可忽视的作用。通过长期的历史积淀与文化传承，传统文化中蕴含的生态智慧与环保理念逐渐内化为人们的行为准则与价值追求，从而引导公众形成积极的环境保护意识。

传统文化中的许多符号和象征物，如山水画、诗词歌赋、民间故事等，都蕴含着丰富的生态信息。这些符号不仅美化了人们的生活环境，更通过其象征意义启发了人们对自然的敬畏之心与保护之情。例如，山水画中的山水相依、云雾缭绕的景象，可以让人感受到大自然的壮丽与和谐，进而激发人们保护自然环境的愿望与行动。集体记忆是个体或群体对过去事件、经历或知识的共享与传承，它构成了民族文化的核心部分。在传统文化中，关于人与自然和谐相处的记忆被不断讲述与传承，形成了强大的文化认同感和环保责任感。这种集体记忆不仅增强了公众的环境意识，还为环境治理提供了坚实的社会基础。传统文化不仅通过文化认知层面影响公众的环境意识，还通过社会实践层面对环保行为产生规范与约束作用。这些社会实践包括传统农业生产方式、生活习俗、节日庆典等多种形式，共同构成了促进环保行为形成的重要机制。

（二）生态智慧的启迪与创新

1. 传统文化中的整体性思维与系统观念

传统文化中的整体性思维与系统观念，强调人与自然的和谐共生，认为自然界是一个有机整体，各部分之间相互联系、相互影响。这种思维方式为我们现代环境治理提供了重要的启迪。在现代社会，环境问题被割裂成各个独立的领域进行治理，如空气污染、水污染、土壤污染等。然而，这种割裂式的治理方式忽视了环境问题之间的内在联系和整体性。传统文化的整体性思维提醒我们，环境治理应该是一个系统的、综合的过程，需要考虑各种环境因素的相互作用和影响。同时，传统文化的系统观念也强调对自然环境的尊重和保护。它认为人类只是自然界的一部分，并不是自然界的主宰。这种观念促使我们在现代环境治理中要更加注重生态平衡和可持续发展，避免过度开发和破坏自然环境。因此，我们可以借鉴传统文化的整体性思维与系统观念，将环境治理视为一个整体的系统工程，注重各环境因素之间的内在联系和相互影响，推动环境治理理念的创新与发展。

2. 传统文化中的环保知识与技术资源

传统文化中蕴含着丰富的环保知识与技术资源，这些知识和技术是基于长期实践经验积累而形成的宝贵财富。首先，在现代环境治理中，我们可以将这些传统知识与技术进行创新应用与推广示范，以推动环境治理技术的现代化进程。传统农业中的节水灌溉技术、生物防治技术等，都是经过长期实践验证的有效方法。其次，在现代农业发展中，我们可以将这些传统技术与现代科技相结合，开发出更加高效、环保的灌溉技术和防治技术，提高农业生产效率的同时减少对环境的影响。此外，传统文化中还有许多关于资源循环利用、生态保护等方面的知识和技术。这些知识和技术可以为现代城市环境治理、工业污染治理等领域提供有益的借鉴和创新思路。因此，应该深入挖掘传统文化中的环保知识与技术资源，通过创新应用与推广示范，将其转化为现代环境治理的有效手段和技术支撑。同时，我们还可以鼓励跨学科合作与交流，将传统知识与现代科技相结合，共同推动环境治理技术的创新与发展。

3. 增强文化自信与国际合作的新契机

传统文化中的生态智慧不仅为我们提供了宝贵的启迪与创新源泉，还增强了我们的文化自信，并为我们拓展国际合作提供了新的契机与平台。在全球环境治理日益重要的今天，中国传统文化中的生态智慧受到了国际社会的广泛关注。通过展示与传播中国传统文化中的生态智慧，我们可以增强国际社会对中国环境治理模式的认同与支持。同时，我们还可以积极参与国际环境治理合作与交流，借鉴国际先进经验与技术，共同应对全球性环境挑战。同时，我们也应该注重在国内推广和传播传统文化中的生态智慧，增强公众的环保意识和参与度。通过教育、媒体等多种渠道，我们可以将传统文化中的生态智慧融入现代生活中，形成全社会共同关注和支持环境治理的良好氛围。

第四节　构建传统文化与生态环境保护协同发展的路径

一、传统生态智慧对生态修复理念的引领

（一）尊重自然规律与生态过程的修复原则

传统生态智慧的核心在于尊重自然规律和生态过程，这一智慧认为，自然界有其内在的运行规律和节奏，人类应当顺应这些规律，而不是试图去征服或改变它们。在现代生态修复中，这一理念被转化为"尊重自然、顺应自然"的修复原则。它要求在生态修复过程中尽可能减少对生态系统的干扰，让生态系统有足够的空间和时间进行自我恢复。例如，在湿地修复项目中，传统生态智慧会强调模拟自然水文过程和植被演替规律，通过恢复湿地的自然水文循环和植被群落，来促进湿地生态系统的自我恢复。此外，尊重自然规律与生态过程的修复原则还强调在修复过程中要充分考虑生态系统的复杂性和不确定性。生态系统是一个复杂的网络，其中包含着众多的生物和非生物组分，而且它们之间是相互依存、相互影响的。

（二）和谐共生与生态平衡的修复目标

传统生态智慧强调人与自然的和谐共生，以及生态系统中各组分之间的平衡关系。这一智慧认为，人类是自然界的一部分，与自然界的其他组分相互依存、相互影响。在现代生态修复中，这一理念被转化为"和谐共生、生态平衡"的修复目标。生态系统是一个整体，其中的各个组分之间相互依存、相互影响，共同维持着生态系统的稳定和平衡。同时，还需要注重生态系统的连通性恢复，即恢复生态系统内部以及不同生态系统之间的物质、能量和

信息的流动，以维护生态系统的稳定性和韧性。此外，和谐共生与生态平衡的修复目标还强调在修复过程中要注重生物多样性的保护。生物多样性是生态系统的重要组成部分，它对于维持生态系统的稳定性和平衡具有至关重要的作用。因此，在生态修复中需要采取保护生物多样性的修复策略，通过恢复和保护生态系统的生物多样性来提高生态系统的稳定性和韧性。

（三）长期效益与可持续性的修复导向

传统生态智慧注重长期效益和可持续性，认为人类与自然界是一个长期共存的关系，人类的生存和发展离不开自然界的支持和滋养。因此，在利用自然资源时需要考虑长期效益和可持续性。在现代生态修复中，这一理念被转化为"长期效益、可持续性"的修复导向。生态修复不是一个短期的过程，而是一个长期的过程。因此，在生态修复中需要采取长期的修复策略和管理措施，确保生态系统的长期恢复和可持续发展。例如，在森林生态修复中需要注重森林生态系统的长期稳定性和可持续发展；在河流生态修复中需要注重河流生态系统的长期连通性和水文循环的恢复等。同时，"长期效益、可持续性"的修复导向还要求生态修复项目在经济、社会和环境三个方面实现可持续发展：经济可持续性要求修复项目在经济上是可行的和可持续的；社会可持续性要求修复项目能够满足当地社区的需求和利益；环境可持续性则要求修复项目能够保护和改善当地的生态环境。这三个方面的可持续性相互关联、相互促进，共同构成了生态修复项目的长期效益和可持续性。

二、传统生态技术对生态修复方法的启发

（一）模拟自然过程与生态工程技术的结合

传统生态技术往往基于对自然过程的深入理解和模拟，古代的水渠、梯田等生态工程技术，就是人类在长期与自然的互动中，通过观察、学习和模仿自然而发展起来的。这些技术不仅体现了人类对自然环境的适应和利用，

也蕴含了丰富的生态修复智慧。在现代生态修复中，我们可以借鉴传统生态技术中的模拟自然过程的思想，将其与现代生态工程技术相结合。例如，在湿地修复中，我们可以通过模拟自然水文过程和植被演替规律，来构建生态水系和梯田结构，以促进湿地生态系统的自我恢复。此外，传统生态技术中的自然材料利用和生态工程设计理念也对现代生态修复方法产生了深远影响。例如，使用天然石材、木材等本土材料进行生态修复工程，不仅可以减少对环境的影响，还能增强生态系统的自我恢复能力。同时，传统生态技术中的生态工程设计理念，如尊重地形地貌、利用自然力等，也为现代生态修复工程提供了有益的启示。

（二）生物多样性保护与生态恢复的融合

传统生态技术往往注重生物多样性的保护和生态系统的整体恢复，在古代的农耕技术中，就包含了轮作休耕、绿肥种植等保护土壤生物多样性和提高生态系统服务功能的策略。这些技术通过改善土壤质量、增加生物多样性等方式，有效地促进了农田生态系统的恢复。例如，在森林生态修复中，我们可以采用传统农耕技术中的轮作休耕制度，通过模拟自然林地的植被演替过程，来促进森林生态系统的生物多样性和整体恢复。同时，我们还可以结合现代生态学原理和技术手段，如生态种植、生态养殖等，来进一步推动生态系统的恢复和发展。此外，传统生态技术中的生物多样性保护策略还为我们提供了丰富的物种保护和生态恢复的经验。通过保护和恢复关键物种的栖息地、建立生态廊道等策略，我们可以有效地保护和恢复生态系统的生物多样性。这些策略不仅注重物种的保护和恢复，还强调生态系统的整体性和连通性的维护。

（三）社区参与生态修复的社会化实践

传统生态技术往往依赖于社区的共同参与和集体行动。在过去，生态修复实践往往是由社区共同承担和完成的，这种社区参与机制不仅促进了生态修复的实践效果，还增强了社区的凝聚力和生态意识。首先，我们通过鼓励和引导社区居民参与到生态修复的实践中来，可以激发社会各界的积极性和创造力，共同推动生态系统的恢复和发展。例如，我们可以设立生态修复志愿者组织或社区生态修复基金，鼓励公众参与到生态修复项目的规划、实施和监测中来。其次，我们通过举办生态修复知识讲座、培训班等活动，可以增强公众的生态修复意识和技能水平。最后，我们还可以利用社交媒体等新媒体工具进行生态修复的宣传和推广，吸引更多公众关注和参与到生态修复实践中来。此外，传统生态技术中的社区参与机制还为我们提供了生态修复社会化实践的宝贵经验。例如，通过建立生态修复的合作机制、分享生态修复的经验和知识、推动生态修复的政策与法规的制定和实施等策略，我们可以有效地推动生态修复的社会化实践。这些策略不仅注重生态修复的实践效果，还强调生态系统的社会价值和文化意义的挖掘和传播。

三、传统文化中的生态修复实践与社会参与

（一）古代水利工程与生态修复的社会动员

古代水利工程，如都江堰、灵渠等，不仅是人类智慧与自然环境的完美结合，也是生态修复与社会动员的典范。这些工程在规划、建设和维护过程中，充分考虑了生态系统的稳定性和可持续性，通过合理调配水资源、防治水患、改善农田灌溉条件等手段，实现了生态修复与农业生产的双赢。在都江堰水利工程中，我们可以看到古代社会动员的强大力量。该工程的建设和维护不仅依赖于官方的组织和协调，还广泛动员了当地民众的力量。民众通过参与水利工程的修建、维护和日常管理，不仅提高了自身的生计水平，也增强了对生态环境的保护意识。这种社会动员机制为生态修复提供了坚实的人力基础，确保了工程的长期稳定运行。此外，古代水利工程还注重与自然环境的和谐共生。工程的设计和建设充分考虑了地形地貌、水文条件等自然因素，通过模拟自然水文过程、利用自然力等手段，实现了水资源的合理利用和生态系统的自我恢复。这种尊重自然、顺应自然的理念为现代生态修复提供了宝贵的启示。

（二）与生态文化传承的社会参与

古村落作为传统文化的重要载体，其中蕴含着丰富的生态智慧和生态修复实践。在古村落保护过程中，社会参与机制发挥了重要作用。专家在古村落保护中发挥了智囊团的作用，他们通过对古村落生态环境和文化遗产的深入研究和评估，为古村落保护提供了科学依据和技术支持。专家的参与不仅提高了古村落保护的科学性和有效性，还加深了公众对古村落保护的认识并引起了重视。作为古村落的主人翁，居民对古村落的生态环境和文化遗产有着深厚的感情和归属感。他们通过参与古村落的日常管理、维护生态环境和传承生态文化等活动，为古村落保护贡献了自己的力量。居民的社会参与不仅增强了古村落的活力和凝聚力，还推动了生态修复实践的深入发展。

（三）生态修复实践中的社区共治与多方协作

在传统文化中，生态修复实践往往伴随着社区共治与多方协作的模式。这种模式强调通过政府、社区、企业、非政府组织等多方力量的共同参与和协作，实现生态修复目标的最大化。首先，政府通过提供资金支持和技术指导等手段，为生态修复实践提供了有力的保障。同时，政府还积极推动社会各界参与生态修复事业，促进生态修复实践的广泛开展。其次，社区作为生态修复的直接受益者和参与者，对生态修复实践有着强烈的诉求和动力。通过组织居民参与生态修复活动、建立生态修复志愿者队伍等方式，社区为生态修复实践提供了坚实的人力基础。社区的共治机制不仅增强了居民对生态环境的保护意识，还推动了生态修复实践的深入发展。最后，企业和非政府组织在生态修复实践中也发挥着重要作用。企业通过投入资金和技术支持等手段，为生态修复实践提供了必要的物质保障。非政府组织则通过组织公益活动、开展环保宣传等方式，为生态修复实践营造了良好的社会氛围。多方协作机制的建立不仅促进了生态修复实践的深入开展，还推动了生态文明建设事业的全面发展。

第七章 传统文化在当代环境保护中的创新应用

第一节 传统文化理念的现代转化与环保实践融合

一、传统文化理念的现代转化

(一) 节约资源观念的现代转化

1. 有限资源的高效利用

在现代社会，传统的资源利用方式往往注重短期效益，忽视了资源的长期可持续利用。因此，节约资源观念的现代转化首先需要关注有限资源的高效利用策略。实现资源的高效利用，需要从多个层面入手。在生产层面，企业应优化生产工艺，提高资源利用效率，减少资源浪费。这可以通过引进先进的生产设备和技术、改善生产流程、提高员工技能等方式实现。在消费层面，公众应树立节约意识，减少不必要的资源消耗。倡导节能减排的生活方式，鼓励使用环保产品、减少一次性用品的使用等。此外，资源的高效利用还需要注重资源的合理配置和有效利用。这包括在资源分配上注重公平与效率的结合，确保资源的优化配置；在资源利用上注重多元化与综合化的结合，实现资源的最大化利用价值。

2. 循环经济与可持续发展的结合

循环经济是一种新型的经济发展模式，强调资源的循环利用和废弃物的减少。循环经济的核心理念与节约资源观念高度契合，因此，将循环经济与可持续发展相结合，是实现节约资源观念现代转化的重要途径。构建完整的产业链，可以实现资源的最大化利用和废弃物的最小化排放。例如，在工业生产中，可以通过回收利用废弃物、余热余压等方式，实现资源的再利用；在农业生产中，可以通过推广有机肥料、生物防治等方式，减少化肥和农药的使用，保护土壤和水资源。同时，循环经济的发展还需要注重技术创新和产业升级。引进先进的循环经济技术和管理模式，推动传统产业的转型升级，提高资源利用效率。例如，发展清洁能源、推广节能建筑、开发可循环利用的新材料等，都是实现循环经济与可持续发展结合的有效途径。

3. 科技创新在资源节约中的应用

在资源勘探和开发领域，科技创新可以帮助我们发现更多的资源储量，提高资源的开采效率。例如，利用先进的勘探技术和开采设备，可以更加准确地定位资源分布，减少开采过程中的资源浪费和环境破坏。在资源利用和转化领域，科技创新可以帮助我们实现资源的高效利用和转化。例如，发展清洁能源技术，可以减少对化石能源的依赖，降低温室气体排放；推广节能技术和产品，可以提高能源利用效率，减少能源浪费。此外，科技创新还可以帮助我们实现废弃物的资源化利用。通过研发新的废弃物处理技术和设备，我们可以将废弃物转化为有用的资源或能源，实现废弃物的再利用和零排放。

（二）尊重自然理念的现代体现

1. 生态保护意识的提升

在人类文明的长河中，尊重自然始终是一种朴素而深刻的智慧。然而，在工业化、城市化的浪潮中，这种智慧曾一度被遗忘。如今，随着环境问题的日益严峻，生态保护意识的觉醒与提升成为尊重自然理念现代体现的首要标志。生态保护意识的觉醒，源于人类对自然环境的深刻反思。通过面对气候变暖、极端天气频发、生物多样性丧失等环境危机，人们开始意识到，自然并非取之不尽、用之不竭的"资源库"，而是需要精心呵护的"生命摇篮"。这种意识的觉醒，促使人类重新审视自己的行为，寻求与自然和谐共生的新路径。生态保护意识的提升，则体现在人类行动的积极变化上。从个人层面看，越来越多的人开始关注自己的生活方式对环境的影响，并积极采取节能减排、绿色出行、垃圾分类等环保行动。从社会层面看，环保组织、公益机构等社会力量不断壮大，它们通过宣传教育、政策倡导、项目实施等方式，推动了生态保护意识的普及和深化。

2. 生物多样性保护与现代科技手段的融合

生物多样性是地球生命的基础，也是人类赖以生存的重要条件。尊重自然理念在现代社会的体现，必然包括生物多样性保护与现代科技手段的融合。现代科技手段为生物多样性保护提供了有力支持。遥感技术、大数据分析等先进技术的应用，使得我们能够更加准确地监测生物多样性的变化、及时发现并应对潜在威胁。基因编辑、生物技术等前沿科技的攻破，为我们提供了保护濒危物种、恢复生态系统的新途径。在追求科技保护的同时，我们也应警惕科技可能带来的风险。例如，基因编辑技术虽然可以帮助我们保护濒危物种，但也可能对生物多样性造成不可预知的影响。因此，在融合现代科技手段进行生物多样性保护时，我们必须保持审慎的态度，确保科技的应用不会损害自然的整体利益。

3. 绿色生活方式的倡导与实践

绿色生活方式是尊重自然理念在现代社会的具体体现。它倡导人们在日常生活中采取环保、低碳、可持续的行为方式，减少对自然环境的影响和破坏。绿色生活方式的倡导需要全社会的共同努力。企业、媒体等社会各界都应承担起宣传教育的责任，通过举办环保活动、发布公益广告、推广绿色产品等方式，引导公众树立绿色消费观念，养成绿色生活习惯。同时，还应加强绿色生活方式的实践探索，鼓励人们在衣、食、住、行等各个方面采取环保行动，如选择环保材料装修房屋、购买绿色食品、使用公共交通工具等。通过这些创新实践，我们可以不断丰富绿色生活方式的内涵和外延，推动其成为现代社会的主流生活方式。

二、传统文化理念的现代转化路径

（一）基于现代科学方法的重新诠释

1. 系统梳理与分类

对传统文化理念进行科学的解读，需要对其进行系统的梳理和分类。这是一个复杂但至关重要的过程，要求我们深入挖掘传统文化的各个层面，包括哲学、道德、生态、社会等，以全面了解和掌握传统文化理念的丰富内涵。在梳理过程中，需要明确传统文化理念的核心和主要观点。例如，传统农耕文化中的节气观念，不仅仅是一种农业生产的经验总结，更蕴含着对自然规律的深刻认识和尊重。通过对这种观念的梳理，我们可以更加清晰地认识到其在现代社会中的科学价值和意义。同时，需要对传统文化理念进行分类。这有助于我们更好地理解和把握其内在的逻辑结构和关系。例如，我们可以将传统文化理念分为生态观、社会观、道德观等几个方面，然后对每个方面进行深入的研究和分析。

2. 跨学科研究

在明确了传统文化理念的核心和主要观点之后，需要进一步运用跨学科的研究方法，揭示其与现代科学之间的内在联系和共通之处。跨学科研究的方法要求我们综合运用多个学科的知识和方法，对传统文化理念进行全面的解读和诠释。可以运用气象学、生态学、历史学等学科的知识和方法，对传统农耕文化中的节气观念进行深入的研究和分析。通过这种研究，可以发现传统节气观念与现代气象学中的气候变化理论有着密切的联系；通过跨学科的研究，可以更加深入地理解传统文化理念的内涵和外延，揭示其与现代社会的关联和启示。

3. 对比与分析

在揭示了传统文化理念与现代科学之间的内在联系之后，需要进一步通过对比和分析的方法，挖掘其科学价值与现代意义。这是一个需要创新思维和敏锐洞察力的过程，要求我们能够在对比中发现新的视角和观点、能够在分析中提炼出具有现代意义的结论和启示。将传统文化理念与现代科学理论进行对比，以发现其异同之处。分析的方法则要求我们对传统文化理念进行深入的分析和解读，以提炼出具有现代意义的结论和启示。例如，我们可以对传统哲学中的"天人合一"思想进行分析，以提炼出其对于推动现代社会可持续发展的启示和意义。通过这种分析，我们可以更加深入地认识到传统文化理念对于现代社会的价值和作用。

（二）技术创新

1. 寻找契合点

技术创新的过程需要注重传统文化理念与现代科技的契合点，即寻找传统文化理念与现代科技之间的内在联系，这种联系可能体现在对自然规律的认识、对人类社会发展的思考、对道德伦理的探讨等多个方面。例如，传统建筑文化中的通风、采光和保温理念，不仅仅是一种建筑设计的经验总结，更蕴含着对自然环境的深刻认识和尊重。这种理念与现代建筑科技中的环保、节能等理念有着内在的联系和共同的目标。要想通过技术创新实现传统文化理念与现代科技的有机融合，必须运用现代科技的手段和方法，对传统文化理念进行深入的挖掘和诠释，将其转化为现代科技的创新动力。例如，运用现代建筑科技的手段和方法，对传统建筑文化中的通风、采光和保温理念进行深入的研究和改进，创造出更加环保、节能的建筑形式。

2. 注重传承与发展

传承与发展需要高度的责任感和使命感，要求我们具备深厚的文化底蕴和人文精神。在技术创新的过程中要注重文化元素的融入和体现，将传统文化理念中的核心理念和价值转化为现代科技的具体应用和表现形式。在现代建筑设计中，我们可以融入传统建筑文化中的元素和符号，使现代建筑更加具有文化内涵和人文精神。这种融入不仅有助于提升现代建筑的审美价值，还能使传统文化理念在现代社会中得到更好的传承和弘扬。通过技术创新推动传统文化的现代化发展，即要在保持传统文化核心理念和价值的基础上，运用现代科技的手段和方法对其进行改进和创新。例如，运用现代气象学和生态学的知识对传统农耕文化进行改进和创新，提高其环保和高效性。这种创新不仅有助于推动现代农业科技的发展，还能使传统农耕文化在现代社会中得到更好的应用和发展。

3. 创新驱动发展

技术创新与传统文化理念的结合不仅可以推动现代科技的发展，还能为社会的进步提供强大的动力。这是一个需要创新思维和前瞻视野的过程，要求我们能够在传统与现代之间架起一座桥梁，实现二者的互通有无和共同发展。以传统文化理念为引领推动现代科技的持续进步，将传统文化理念中的智慧和洞察力转化为现代科技的创新方向和动力源泉。通过技术创新实现传统文化理念与现代社会的有机融合，将传统文化理念中的核心和价值转化为现代社会的具体实践和行动指南。传统道德文化中的诚信、仁爱等理念可以为现代社会的道德建设提供重要的思想资源和价值支撑。可以运用这些理念来推动现代社会的诚信体系建设、公益事业发展等领域的进步和发展。

三、传统文化与环保实践的深度融合

（一）理念融合

传统文化中蕴含着丰富的环保智慧，如尊重自然、顺应自然、节约资源等理念，这些理念与现代环保理念有着深刻的内在联系。对接的过程需要注重理念的契合点和共通之处。我们需要深入挖掘传统文化中的环保智慧，理解其核心理念和主要观点，并将其与现代环保理念进行对比和分析。通过对比和分析，我们可以发现传统文化智慧与现代环保理念在尊重自然、保护环境、实现可持续发展等方面有着共同的目标和追求。在理念融合的过程中，我们还需要注重创新和发展。传统文化智慧虽然具有深刻的历史底蕴，但也需要与时俱进，与现代社会的实际需求相结合。我们可以通过对传统文化智慧的现代解读和创新发展，使其能够更好地适应现代环保实践的需求，为环保事业提供新的思路和方法。

（二）技术融合

传统文化中不仅蕴含着丰富的环保理念，还包含着许多实用的环保技术。这些技术经过历史的沉淀和实践的检验，具有独特的优势和价值。首先，我们需要对传统文化技术进行系统的梳理和分类，明确其技术特点和适用范围。其次，通过与现代环保技术的对比和分析，寻找二者之间的互补之处和创新点。最后，在技术融合的过程中，我们还需要注重技术的推广和应用。传统文化技术虽然具有独特的优势，但也需要通过现代科技的手段进行推广和应用。我们可以通过科技创新和成果转化，将传统文化技术转化为现代环保技术的创新动力，推动环保事业的发展。

（三）实践融合

1. 寻找关联与创新

在明确了传统文化实践的特点和价值之后，需要进一步寻找其与现代环保实践的关联之处，并在此基础上实现创新。寻找关联的过程需要对比和分析传统文化实践与现代环保实践的异同。我们可以发现，尽管时代背景和技术手段不同，但二者在尊重自然、保护环境、实现可持续发展等方面有着共同的目标和追求。例如，传统农耕文化中的轮作、间作等实践与现代生态农业技术有着相似的目标，即实现农业生产的环保和高效性。而传统建筑文化中的通风、采光等设计则与现代绿色建筑理念不谋而合。在找到关联之处后，需要进一步思考如何在此基础上实现创新。例如，需要运用现代科技手段对传统文化实践进行改进和优化，使其更加适应现代社会的需求。

2. 推广示范与传承发展

传统文化实践虽然具有深刻的历史底蕴和独特的优势，但也需要通过现代的推广和示范手段进行传播和应用。只有这样，才能将其转化为现代环保事业的创新动力和发展源泉。推广示范的过程需要我们运用政策引导、社会宣传、教育培训等多种手段。通过社会宣传和教育培训等方式，可以提高公众对传统文化实践的认识和理解，增强其环保意识和责任感。例如，我们可以组织传统文化实践的展览、讲座等活动，让更多的人了解和体验这些宝贵的实践经验。

我们需要在实践融合的过程中注重文化元素的融入和体现，使现代环保实践更加具有文化内涵和人文精神。在现代建筑设计中融入传统建筑文化的元素和理念，创造出既具有现代感又富有文化内涵的建筑形式。同时，我们还可以通过教育和培训等方式，培养出更多具有传统文化素养和环保意识的人才。这些人才将成为推动传统文化实践与环保实践深度融合的重要力量，将在实践中不断探索和创新，为环保事业的发展贡献自己的智慧和力量。

第二节　传统工艺技术在环境保护中的创新运用

一、传统工艺技术的环保优势

（一）资源高效利用与循环利用

传统工艺技术往往在历史长河中形成了对资源的高效利用和循环利用的机制，这主要得益于其在长期实践中的经验积累和智慧传承。在传统工艺中，工匠们往往会对原材料进行严格的筛选和分类，确保只有高质量的原材料才能进入生产流程。同时，他们还会对原材料进行预处理，如浸泡、研磨、发酵等，以提高原材料的利用效率和产品的品质。这种对原材料的精选与预处理机制有助于减少生产过程中的浪费和污染。在传统工艺中，许多废弃物和副产品都可以被再次利用或转化为其他有价值的产品。例如，在某些传统农业工艺中，农作物秸秆可以被用作饲料或肥料；在某些传统纺织工艺中，废弃的棉纱和布料可以被回收再利用。这种资源循环利用的机制不仅减少了废弃物的产生，还降低了对原材料的需求，从而减轻了自然资源的压力。传统工艺技术往往采用低能耗、低排放的生产方式。由于其在长期实践中的经验积累和智慧传承，传统工艺技术往往能够在保证产品品质的同时，降低能耗和排放。例如，在某些传统冶炼工艺中，工匠们通过精确的火候控制和独特的冶炼技术，能够在较低的能耗下获得高质量的金属产品。这种低能耗、低排放的生产方式有助于减少对传统能源的依赖和环境的污染。

（二）生态环境友好与生物多样性保护

1. 与生态环境和谐共生的生产方式

传统工艺技术往往与当地的生态环境紧密相连，工匠们需要根据当地的生态环境和气候条件来选择合适的生产方式和原材料。传统工艺技术注重保护生态环境，避免过度开采和破坏自然资源。例如，在传统工艺中，工匠们往往采用可持续的采集方式，确保原材料的供应不会对生态环境造成破坏。工匠们了解当地生态系统的运作规律，知道如何合理利用自然资源，以确保生态环境的稳定和可持续发展。同时，他们还会采取防止水土流失的措施，如植树造林、保持土壤湿度等，以保护当地的土壤资源和生态环境。传统工艺技术的生产方式有助于维护生态平衡和生物多样性。传统工艺往往采用当地的天然原材料和生物制剂进行生产，因此其生产过程对生态环境的影响较小。同时，传统工艺技术的生产方式往往与当地的生态系统相协调，有助于保护当地的生物多样性和生态平衡。

2. 使用天然原材料和生物制剂的环保优势

在传统工艺中，工匠们往往使用当地的天然原材料和生物制剂来进行生产。这些原材料和生物制剂具有良好的生物相容性和可降解性，不会对生态环境造成污染。同时，它们的使用还能够促进当地生物多样性的保护和可持续发展。传统工艺技术使用的天然原材料往往具有良好的生物相容性，这些材料在与生物体接触时不会产生有害物质或引起不良反应。这种生物相容性使得传统工艺技术在医疗、食品包装等领域具有广泛的应用前景。同时，这些材料是可降解的，因此在使用后不会对生态环境造成长期污染。

传统工艺技术使用的生物制剂往往具有环保优势，这些生物制剂往往是由当地的微生物或植物提取而成，具有良好的生物活性和环保性能。与传统化学制剂相比，生物制剂在使用过程中不会产生有害物质或对环境造成污染。因此，传统工艺技术在农业、医药等领域具有广泛的应用潜力。这些原材料和生物制剂往往来源于当地的生态系统，因此，它们的使用有助于保护当地的生物多样性和生态平衡。同时，传统工艺技术的生产方式往往注重资源的循环利用和废弃物的最小化，这有助于推动当地的可持续发展。

3. 注重产品生态环境友好性的生产方式

在传统工艺中，工匠们往往注重产品的生态环境友好性，避免使用有害的化学物质和添加剂。他们注重产品的可降解性和可回收性，确保产品在使用过程中不会对生态环境造成负面影响。这种注重产品生态环境友好性的生产方式有助于推动绿色消费和可持续发展。传统工艺往往采用天然的原材料和生物制剂进行生产，因此，其产品往往具有良好的可降解性。这意味着在产品使用后，它们可以被自然环境中的微生物分解并转化为无害物质，不会对生态环境造成长期污染。在传统工艺中，工匠们往往采用可回收的材料进行生产，并确保产品在使用过程中可以方便地回收和处理。这种可回收性不仅有助于减少废弃物的产生，还有助于节约资源和保护环境。随着人们环保意识的提高，越来越多的消费者开始关注产品的生态环境友好性。传统工艺技术由于其独特的环保优势，可以满足消费者对绿色产品的需求，并推动绿色消费的发展。同时，传统工艺技术往往与当地的生态系统和文化资源紧密相连，因此，其发展还有助于推动当地的可持续发展和文化传承。

（三）文化传承与社会价值体现

1. 保持独特性与创新性

传统工艺技术是人类在长期生产实践中形成的智慧结晶，承载着丰富的历史与文化信息。这些技术往往与当地的文化、宗教、习俗等紧密相连，构成独特的文化景观。通过师徒相传的方式，手工艺技能和经验得以代代相传，这种传承机制对于保持传统工艺技术的独特性和创新性具有重要意义。每一种传统工艺技术都蕴含着特定的文化元素和地域特色，是当地文化身份的重要标志。通过师徒相传，手工艺人能够深入了解和掌握这些独特的技艺和文化内涵，从而确保传统工艺技术的独特性和原真性得以延续。在传统工艺中，工匠们往往需要根据实际情况进行灵活调整和创新，以适应不断变化的市场需求和审美趋势。通过传承和发展传统工艺技术，我们可以培养出新一代的手工艺人才和传承者，他们将在传承的基础上不断创新，为传统工艺技术注入新的活力。许多传统工艺技术都是非物质文化遗产的重要组成部分，它们蕴含着丰富的历史和文化信息，是当地文化身份和自豪感的重要来源。通过传承和发展这些技术，我们可以更好地保护和弘扬当地的文化遗产，增强文化认同感和自豪感。

2. 促进社区经济发展与可持续发展

传统工艺技术不仅具有文化传承的价值，还在社会价值方面展现出独特的优势。传统工艺技术通过与当地社区的紧密合作，可以为当地居民提供就业机会和增加收入来源，促进当地经济的可持续发展。在许多地区，传统工艺技术仍然是当地经济的重要组成部分。通过发展和推广传统工艺技术，我们可以创造更多的就业机会，帮助当地居民提高收入水平和生活质量。这不仅有助于缓解社会就业压力，还可以促进社会的和谐与稳定。与传统工业相比，许多传统工艺技术具有环保、低碳、可持续等特点。通过发展和应用这些技术，我们可以减少对环境的污染和破坏，保护当地的生态环境和自然资源。同时，传统工艺技术往往与当地的文化和旅游资源相结合，可以推动文化旅游产业的发展，为当地经济带来新的增长点。在传统工艺中，工匠们往往与当地居民紧密合作，共同推动技术的发展和应用。这种合作模式不仅有助于加强工匠与居民之间的联系和沟通，还可以增强社区的凝聚力和社会认同感。通过共同参与和发展传统工艺技术，当地居民可以更加深入地了解和认同自己的文化身份和社区价值。

3. 创新与发展：适应现代社会需求与挑战

虽然传统工艺技术具有悠久的历史和独特的文化内涵，但它并不排斥创新与发展。相反，传统工艺技术需要不断创新与发展来适应现代社会的需求和挑战。通过引入现代科技和管理理念，传统工艺技术可以不断提高生产效率和产品品质，同时保持其独特性和环保优势。

随着社会的快速发展和人们生活水平的提高，消费者对于产品的审美和功能需求也在不断变化。传统工艺技术需要在保持其独特性和文化内涵的基础上，不断创新产品的设计和制作工艺，以满足现代社会的多元化需求。在现代社会中，科技和管理理念的不断进步为传统工艺技术的发展提供了新的机遇。通过引入现代生产设备、工艺流程和管理模式，传统工艺技术可以显著提高生产效率和产品品质，降低生产成本，增强市场竞争力。在创新过程中，我们可以将传统工艺技术与现代设计理念、环保理念等相结合，开发出具有时代特色和文化内涵的新产品。同时，我们还可以通过建立品牌、拓展市场等方式，推动传统工艺技术的产业化发展，为其现代化进程和可持续发展奠定坚实的基础。

二、在环境保护中的创新运用

（一）传统材料与现代科技的结合

1. 传统材料的现代科技改性

传统工艺技术中使用的材料，如竹材、天然染料等，因其天然、可再生、可降解等特性而备受青睐。然而，这些材料在未经改性的情况下，往往难以满足现代工业对材料性能的高要求。因此，通过现代科技对传统材料进行改性，成为提升材料性能、拓展其应用领域的重要途径。通过纳米技术对竹材进行表面改性或内部结构优化，可以显著提高其力学性能和耐久性，使其能够满足更广泛的应用需求。改性后的竹材不仅保留了其天然、环保的特性，还具备了与现代合成材料相媲美的性能，为建筑、家具等行业的绿色发展提供了新的选择。通过现代科技的提取和纯化技术，我们可以从天然植物、矿物中提取出高纯度的染料成分，并通过现代染色技术将其应用于工业生产中。这样不仅可以替代传统的化学染料，减少有害物质的排放和对环境的污染，还可以为纺织品、涂料等行业提供更加环保、可持续的染色解决方案。

2. 废弃物与副产品的科技转化

在传统工艺技术中，废弃物和副产品往往被视为无用的"边角料"。然而，在现代科技的帮助下，这些"边角料"可以被转化为有价值的环保新材料，实现资源的循环利用。农作物秸秆是一种常见的农业废弃物，传统上往往被焚烧或丢弃，不仅浪费了资源，还可能造成环境污染。然而，通过现代生物转化技术，我们可以将农作物秸秆转化为生物塑料。这种生物塑料不仅具有与传统塑料相似的物理性能和加工性能，还具备可降解、无污染等环保特性。将农作物秸秆转化为生物塑料不仅可以减少废弃物的产生，还可以减少对传统塑料的依赖，对于解决塑料污染问题具有重要意义。很多"边角料"都可以通过现代科技的处理和转化成为有价值的材料。例如，通过高温煅烧和粉碎等工艺，我们可以将动物骨骼转化为骨粉或骨炭等材料。这些材料在肥料、土壤改良剂、水处理剂等领域具有广泛的应用前景，不仅可以实现资源的循环利用，还可以为相关产业的发展提供新的原材料来源。

3. 传统材料与现代科技的融合创新

传统材料与现代科技的结合不仅仅是对传统材料的改性和废弃物的转化，更是一种融合创新的过程。通过融合传统材料的天然、环保特性和现代科技的先进手段，我们可以开发出具有优异性能的环保新材料，为推动可持续发展提供有力支持。在这种融合创新的过程中，我们需要深入挖掘传统材料的潜在价值，理解其独特的结构和性能特点。同时，我们还需要积极引入现代科技的先进手段，如纳米技术、生物技术、信息技术等，对传统材料进行改性、优化和创新。通过这种跨学科的融合创新，我们可以开发出具有全新性能和功能的环保新材料，如高性能的复合材料、智能材料、自修复材料等。

（二）传统工艺与现代技术的融合

1. 实现资源高效利用与循环利用

传统工艺技术中的生产流程，往往基于经验传承和手工操作，缺乏科学化和系统化，这导致资源利用效率低下、废弃物产生量大，不符合当代社会的环保要求。因此，通过现代技术的引入，对传统工艺流程进行优化和改造，成为实现资源高效利用和循环利用的关键。以传统的酿造工艺为例，这一工艺过程中存在着原料利用率低、产品品质不稳定、能源消耗大等问题。通过引入现代生物发酵技术，我们可以对酿造过程中的微生物进行精准控制和优化，从而提高原料的利用率和产品的品质。同时，能源回收技术的引入，可以将酿造过程中产生的废热、废气等资源进行回收再利用，减少能源的消耗和废弃物的产生。这种现代技术的优化和改造，不仅提升了传统酿造工艺的生产效率，还使其变得更加环保和可持续。除了酿造工艺，许多其他传统工艺流程也可以通过现代技术进行优化和改造。在传统的纺织工艺中，通过引入现代化的纺织机械和智能控制系统，我们可以实现纺织过程的自动化和精准控制，提高纺织品的生产效率和品质。同时，现代废水处理技术的引入，可以对纺织过程中产生的废水进行有效处理，减少对环境的影响。

2. 实现生产过程的自动化与精准控制

传统工艺技术中的手工操作和经验传承，虽然蕴含着独特的工艺技巧和智慧，但往往难以实现生产过程的自动化和精准控制，这导致了生产效率低下，产品品质难以保证。因此，通过现代技术的辅助和智能化改造，对传统手工操作进行升级和创新，成为实现生产过程自动化和精准控制的重要途径。在现代技术的辅助下，对传统手工操作中的关键步骤进行数字化和模型化，通过计算机模拟和优化，实现生产过程的自动化控制。例如，在传统的陶瓷制作工艺中，通过引入现代化的成型设备和烧制技术，我们可以实现陶瓷制品的精准成型和高效烧制。同时，通过智能化的质量检测系统，我们可以对陶瓷制品的品质进行实时监测和控制，确保产品的一致性和高品质。

3. 实现生产过程的实时监测与环保管理

传统工艺技术往往缺乏科学化的监测和管理手段，导致生产过程中的环境问题难以及时发现和解决。为此，将传统工艺技术与现代监测和管理技术相结合，成为实现生产过程实时监测和环保管理的重要途径。通过引入现代传感器技术，我们可以实时监测生产过程中的能耗、排放等指标。这些数据可以为我们提供生产过程的实时反馈，帮助我们及时发现并解决环境问题。例如，在传统的化工生产工艺中，通过引入现代化的排放监测设备，我们可以实时监测生产过程中的废气、废水等排放物的成分和浓度。一旦发现超标排放或异常情况，我们可以及时采取措施进行调整和优化，确保生产过程的环保性和可持续性。除了实时监测技术，现代大数据分析和管理技术也可以为传统工艺技术的环保管理提供有力支持。通过引入大数据分析技术，我们可以对生产过程中的各种数据进行深入挖掘和分析，发现潜在的环境问题和优化空间。同时，通过现代化的管理信息系统，我们可以实现生产过程的数字化和可视化管理，提高管理效率和决策的科学性。

（三）推动环保理念与实践的创新

1. 深入挖掘

传统工艺技术作为人类历史长河中的一部分，其中蕴含着丰富的环保智慧和实践经验。在传统社会中，人们往往依靠自然资源来维持生计，因此他们发展出了一套与自然和谐相处的技术和方法。传统的农耕技术强调轮作休耕、合理施肥等，以保持土壤的肥力和生态平衡。这些实践经验对于现代农业生产中的土壤保育和水资源管理具有重要的借鉴意义。在传统工艺技术中，人们往往遵循自然规律，利用自然的力量来进行生产和加工。传统的建筑技术注重依据当地的气候和地理条件，设计出适应环境的建筑形式和材料。这种与自然和谐共生的理念对于现代建筑设计中的节能减排和生态环保具有重要的启示作用。深入挖掘和传承传统工艺技术中的环保智慧和实践经验，可以为现代环保理念提供有力的支撑和补充。这些智慧和经验不仅可以帮助我们更好地理解和应对当前的环境问题，还可以为我们提供创新的思路和解决方案。

2. 验证与推广

虽然传统工艺技术中的环保实践和经验是宝贵的财富，但它们往往缺乏现代科学的验证和优化。因此，通过现代科技的手段对这些实践和经验进行验证和推广，是推动环保理念与实践创新的重要途径。以传统的农业耕作技术为例，古人通过长期的实践，积累了一套丰富的土壤保育和水资源管理经验，然而，这些经验往往缺乏科学的验证和优化。通过引入现代科技手段，如土壤分析、水文监测等，我们可以对这些经验进行科学的验证和优化，提高其科学性和有效性。然后，我们可以将这些优化后的技术推广应用到现代农业生产中，提高农业生产的环保性和可持续性。除了农业耕作技术，传统工艺技术中的其他环保实践和经验也可以通过现代科技进行验证和推广。通过验证和推广传统工艺技术中的环保实践和经验，我们可以将传统的智慧与现代科技相结合，推动环保理念与实践的创新和发展。这不仅有助于提高生产过程的环保性和可持续性，还可以为社会带来更加绿色和美好的生活。

3. 融合与创新

传统工艺技术与现代设计理念的融合是推动环保产品创新和发展的重要途径。将传统工艺技术的元素和现代设计理念相融合，可以设计出既具有传统文化韵味又符合现代环保要求的产品。传统工艺技术中的图案、色彩、材质等元素具有独特的文化韵味和审美价值，将这些元素融入现代设计中，可以设计出具有传统文化特色的环保产品。现代设计理念注重简约、实用、环保等方面，这与传统工艺技术中的某些理念不谋而合。通过将现代设计理念引入传统工艺技术中，我们可以对传统工艺技术进行创新和改进，使其更加符合现代社会的需求和审美。利用现代设计理念对传统家具进行改良设计，使其既具有传统文化的韵味又符合现代环保要求。通过将传统工艺技术的元素和现代设计理念相融合，我们可以设计出既具有实用性又具有文化价值的环保产品。这些产品不仅可以满足人们对美好生活的追求，还可以传递环保理念和文化价值，推动社会的绿色发展和可持续发展。

三、创新技术在环境保护中的应用

（一）清洁能源技术

1. 太阳能技术的创新应用

太阳能技术作为清洁能源领域的重要组成部分，近年来在创新应用方面取得了显著进展。随着光伏材料的不断突破，太阳能电池的效率得到了显著提升，使太阳能发电成本大幅降低，经济性日益凸显。太阳能技术不仅在大型地面电站中得到广泛应用，还在分布式发电、建筑一体化光伏等领域展现出巨大的潜力。

在技术创新方面，太阳能光热转换技术、聚光光伏技术以及钙钛矿太阳能电池等新型技术不断涌现，为太阳能的高效利用提供了更多可能性。特别是钙钛矿太阳能电池，由于其具有高转换效率和较低的生产成本，被视为未来太阳能技术的重要发展方向。此外，太阳能技术在储能方面也取得了重大突破。通过与锂离子电池、液流电池等先进储能技术的结合，太阳能发电的间歇性问题得到了有效解决，进一步提高了太阳能发电的可靠性和稳定性。在应用层面，太阳能技术正逐渐渗透到社会的各个角落。从家用太阳能热水器、太阳能路灯，到太阳能驱动的交通工具，太阳能技术的广泛应用不仅减少了化石能源的消耗，还有效减少了温室气体排放，对环境保护和可持续发展具有深远意义。因此，太阳能技术的创新应用不仅是科技发展的必然趋势，也是应对全球气候变化、实现绿色低碳发展的重要途径。

2. 风能技术的突破与发展

风能技术作为清洁能源领域的重要分支，近年来在技术创新与应用拓展方面取得了显著突破与发展。随着材料科学、空气动力学以及电力电子技术的不断进步，风力发电机的设计与制造实现了质的飞跃。特别是大型化、轻量化风机的研发，不仅提高了风能捕获效率，还有效降低了风电场的建设与运营成本。

通过引入先进传感器、物联网技术以及大数据分析，可以实时监测与优化风机的运行状态，从而提高了风能的利用效率并降低了维护成本。此外，浮式海上风电技术、风能与储能系统的集成技术等新兴领域的探索，也为风能技术的进一步突破提供了广阔空间。在应用层面，风能技术正逐渐从传统的陆上风电场向海上、沿海以及城市等多元化场景拓展。特别是海上风电场，由于其风速高、稳定性好的特点，已成为全球风能开发的重要方向。同时，分布式风能系统的应用也在不断增加，为偏远地区、海岛等无电或少电地区提供了清洁、可靠的能源解决方案。

3. 水能及其他清洁能源技术的利用

随着技术的不断进步和创新，水能利用方式变得更加高效、环保。大型水电站的建设技术日益成熟，同时在小型水电站、微型水电站等领域也有着广泛的应用，为偏远地区和农村提供了可靠的电力供应。此外，潮汐能、波浪能等海洋能技术的研发也为水能利用开辟了新的途径。除了水能，其他清洁能源技术也在不断发展壮大。地热能利用技术通过地热热泵、地热发电等方式，实现了对地球内部热能的有效提取和利用。生物质能技术则将有机废弃物、农作物秸秆等生物质转化为能源，这不仅减少了废弃物对环境的污染，还实现了能源的可持续利用。在清洁能源技术的综合应用方面，多能互补系统成为研究热点。将水能、风能、太阳能等多种清洁能源进行有机结合，可以构建多能互补的能源系统，提高能源供应的稳定性和可靠性，同时降低对单一能源的依赖风险。这种综合应用方式不仅提高了清洁能源的利用率，还为能源体系的可持续发展提供了新的思路。

（二）环境监测与大数据分析技术

1. 环境监测技术的创新应用

随着现代科技的发展，一系列创新的环境监测技术应运而生，为环境质量的实时监测和准确评估提供了有力支持。卫星、航空器等远程平台，能够实现对大气、水体、地表等环境要素的广泛覆盖和连续监测，大大提高了环境监测的时空分辨率。无人机监测技术则以其机动灵活、成本较低的特点，在环境监测中发挥着越来越重要的作用，特别是在对难以到达或危险区域的监测中，无人机技术展现出了独特的优势。此外，智能传感器和物联网技术的结合，使得环境监测更加智能化和网络化。布置大量的智能传感器节点，可以实现对环境质量的实时、连续监测，并通过物联网技术将数据实时传输至数据中心，为环境管理和决策提供及时、准确的信息支持。

2. 大数据分析在环境保护中的应用

大数据分析技术在环境保护领域的应用，为环境管理和决策提供了全新的视角和手段。随着环境监测技术的不断创新和数据采集能力的不断提升，海量的环境数据为大数据分析提供了丰富的素材。对这些数据进行深度挖掘和分析，可以揭示环境问题的本质和规律，为环境保护提供更加科学的依据。首先，通过对历史环境数据的分析，可以识别出环境质量的变化趋势和潜在的风险点，为环境预警和应急响应提供及时的信息支持。大数据分析可以帮助环境管理部门更加精准地制定环保政策和规划，确保政策的针对性和有效性。其次，通过对环境数据的实时分析，可以实现对环境质量的动态监控，及时发现并解决环境问题，提高环境管理的效率和准确性。大数据分析在环境保护中的应用还面临着一些挑战，如数据质量、数据安全和数据共享等问题。因此，在推进大数据分析在环境保护中的应用时，需要充分考虑这些挑战，并采取相应的措施加以应对。

3. 环境监测与大数据分析技术的融合创新

环境监测与大数据分析技术的融合创新，不仅提升了环境监测的效率和准确性，还为环境问题的深入分析和科学决策提供了强有力的支持。在融合创新的过程中，环境监测技术为大数据分析提供了丰富、实时的数据源。通过智能传感器、遥感监测、无人机等多种监测手段，我们可以全面、连续地收集环境质量数据。这些数据涵盖了大气、水体、土壤等多个环境要素，为大数据分析提供了坚实的基础。同时，大数据分析技术对环境监测数据进行了深度挖掘和智能处理。通过机器学习、数据挖掘等算法，我们可以从海量数据中提取出有价值的信息，揭示环境问题的内在规律和潜在风险。这种智能化的处理方式，不仅提高了环境监测的准确性和效率，还为环境管理提供了更加科学、精准的决策依据。通过构建环境监测大数据平台，我们可以实现环境数据的共享、交互和可视化展示，为环境管理部门、科研机构和社会公众提供更加便捷、高效的信息服务。

第三节　以传统文化为根基的环保教育与传播策略

一、环保教育的根基与目标

（一）环保教育的内涵

1. 环境意识

环境意识是个体对环境问题的敏感度和关注度，促使人们认识到环境问题的紧迫性和重要性。在环保教育的过程中，通过系统的知识传授和生动的案例分析，个体能够逐渐意识到环境问题的多样性和复杂性，如气候变化、生物多样性丧失、水资源短缺等。这种意识的觉醒是推动个体采取环保行动的重要前提。为了深化环境意识，环保教育需要引导个体从多个维度审视环境问题，包括了解环境问题的历史渊源、现实影响和未来趋势，以及它们与人类社会发展的相互关系。通过这种全面的审视，个体能够更深刻地理解环境问题的本质和根源，从而形成更加成熟和理性的环境观念。

2. 环保价值观

环保教育不仅关注环境意识的提升，更注重环保价值观的塑造和践行。环保价值观是个体对环境保护所持的基本信念和态度，它指导着个体的环保行为和实践。在环保教育的过程中，通过价值引导和实践锻炼，个体能够逐渐形成尊重自然、珍惜资源、保护环境的价值观。塑造环保价值观需要引导个体认识到人与自然的和谐共生关系，以及保护环境对于人类可持续发展的重要性。通过这种认识，个体能够将环保理念内化为自己的价值追求，并在日常生活中自觉践行。例如，减少浪费、节约能源、使用环保产品等行为都是环保价值观的具体体现。同时，环保教育还需要鼓励个体将环保价值观转化为实际行动，这包括参与环保公益活动、推动绿色生活方式、倡导环保政策等。通过这些实践行动，个体能够将自己的环保理念转化为对社会的积极贡献，从而推动整个社会的环保进程。

3. 可持续发展能力的培养与提升

可持续发展能力是指个体在认识、理解和解决环境问题过程中所形成的综合素质和能力，它包括知识、技能、态度和价值观等多个方面。在环保教育的过程中，通过系统的学习和实践锻炼，个体能够逐渐掌握环境保护的基本知识和技能，形成解决环境问题的思维和方法，并培养出对环境保护的持久热情和责任感。培养可持续发展能力需要注重个体的全面发展和终身学习，意味着环保教育不仅要在学校阶段进行，还要贯穿于个体的整个生命周期。通过持续的学习和实践，个体能够不断更新和提升自己的环保知识和技能，以适应不断变化的环境挑战。同时，培养可持续发展能力还需要注重个体的创新思维和实践能力的培养。在环保领域，创新是推动问题解决和社会进步的重要动力。因此，环保教育需要鼓励个体勇于尝试、敢于创新，通过实践探索出更加有效和可持续的环保解决方案。

（二）传统文化在环保教育中的地位

传统文化作为环保教育中重要的角色，不仅为环保教育提供了丰富的内容素材，还为其奠定了深厚的文化底蕴和价值基础。在环保教育的内容构建上，传统文化中的诸多元素与环保理念息息相关。例如，对于自然资源的合理利用、对于生态环境的尊重与维护等，都蕴含着朴素的环保思想。这些思想可以作为环保教育的重要内容，引导学生认识和理解人与自然的关系，培养环保意识和责任感。同时，传统文化还为环保教育提供了独特的教育方法和手段。传统文化注重言传身教、以身作则，强调实践与体验的结合。在环保教育中，通过亲身体验、实践操作等方式，学生可以更加深入地了解和感受环保的重要性，从而激发环保行动。传统文化中蕴含着对自然的敬畏、对生命的尊重等价值观念，这些价值观念与环保教育的核心理念相契合。通过传统文化的熏陶和感染，学生可以更加深刻地认识到环保的价值和意义，从而形成坚定的环保信念和行动力。

（三）环保教育的目标

1. 提升公众环保意识与责任感

环保教育的首要目标是增强公众对环境问题的认知，这包括对环境现状、环境问题的严重性，以及环境问题对人类生活和社会发展的影响等方面的了解。通过环保教育，人们能够认识到空气污染、水体污染、土壤退化、生物多样性丧失等环境问题的普遍存在和紧迫性，从而激发对环境保护的关注和重视。在提升环境认知的基础上，环保教育进一步培养了公众的环保责任感。这种责任感体现在个体认识到自己作为地球公民的一员，有责任和义务参与环境保护，为改善环境质量贡献自己的力量。通过教育引导，人们能够意识到环保不仅仅是政府或环保组织的责任，而是每个人应尽的义务，从而自觉地将环保理念融入日常生活中。

2. 普及环保知识与技能

环保教育需要向公众普及环保基础知识，包括环境科学的基本概念、原理和方法，以及环境问题的成因、影响和解决途径等。这些知识是公众理解环境问题、参与环保实践的基础。通过系统的学习，人们能够掌握环保领域的基本概念和框架，为深入了解和参与环保工作打下坚实的基础。除了传授知识，环保教育还注重提升公众的环保实践技能，这包括垃圾分类、节能减排、绿色消费、生态修复等方面的技能和方法。通过实践操作和案例分析，人们能够学会如何在日常生活中应用环保知识，采取实际行动来减少对环境的影响。这些实践技能的培养对于推动环保行动的广泛开展具有重要意义。

3. 推动环保行动与社会参与

环保教育的最终目的是激发公众的环保行动意愿，促使他们将环保理念转化为实际行动。通过教育引导和社会动员，人们能够认识到自己可以通过日常生活中的点滴行动来参与环保，如减少使用一次性塑料、节约用水用电、参与植树造林等。这些看似微小的行动汇聚起来，将产生巨大的环保效应。环保教育还致力于促进社会各界的共同参与。政府、企业、学校、社区以及非政府组织等各方力量在环保工作中扮演着不同的角色、承担着不同的责任。通过环保教育，可以加强各方之间的沟通和协作，形成合力共同推动环保事业的发展。同时，环保教育还能够激发公众的环保热情和创新精神，鼓励他们探索和实践更多元的环保模式和路径。

二、传统文化在环保教育中的应用

（一）丰富环保教育内容

1. 古代文学中的生态意象与环保情感的培育

古代文学，尤其是诗词，是传统文化中生态智慧的重要载体。在这些文学作品中，自然美景被赋予了深厚的情感与哲理，体现了古人对大自然的热爱与敬畏。通过诗词解读，学生不仅能感受到文学的艺术魅力，还能深刻体会到大自然的美好与脆弱，从而激发出对环境保护的深切情感。进一步地，可以将古代文学中的生态意象与现代环保问题相结合，引导学生思考人与自然的关系。例如，通过讨论古代诗词中描绘的清澈河流与当今水体污染的现状，让学生意识到环境保护的紧迫性。同时，鼓励学生模仿古代诗词的创作手法，以现代环保为主题进行文学创作，既锻炼了他们的文学素养，又增强了他们的环保意识。

2. 环保实践与可持续发展理念的融合

传统文化中蕴含着丰富的环保实践与可持续发展理念。例如，古代农耕社会普遍实行的"轮作休耕"制度，就是一种对土地资源的合理利用与保护方式。通过轮作和休耕，既能保持土壤的肥力，又能防止病虫害的传播，实现了农业生产的长期可持续发展。将这些古代农耕文化中的环保实践引入环保教育，学生可以了解传统社会中人与自然和谐相处的方式，并激发他们的环保责任感。例如，可以通过组织实地考察活动，让学生亲身体验传统农耕方式，了解轮作休耕等环保实践的具体操作与益处。同时，结合现代农业生产中的环保问题，引导学生思考如何在现代农业中实现可持续发展，培养他们的创新思维与实践能力。

3. 古代哲学中的生态智慧与现代环保教育的结合

在具体实施上，可以将生态智慧与现代环保科学知识相结合，构建跨学科的环保教育体系；还可以通过举办讲座、研讨会等形式，邀请专家学者就古代哲学中的生态智慧与现代环保教育的结合进行深入探讨与交流。通过学术界的引领与推动，将这一理念广泛应用于环保教育的实践中，培养出更多具有深厚环保素养与责任感的新一代公民。

（二）借助传统文化艺术形式，创新环保教育方法

传统文化艺术形式是传承和弘扬优秀文化传统的重要载体，也是进行环保教育的重要工具。借助传统文化艺术形式，如书法、国画、戏曲等，可以将环保理念以更加生动、形象的方式呈现给学生，增强他们的环保意识和行动力。例如，通过书法创作来宣传环保理念。书法家们可以用笔墨书写关于环保的标语、口号或诗词，将这些作品展示在校园、社区等公共场所，让更多的人了解环保的重要性。同时，也可以组织学生参与书法创作活动，让他

们亲手书写环保标语，增强他们的环保责任感和参与感。

国画作为中国传统文化的瑰宝，也可以用来进行环保教育。画家们可以通过描绘自然美景、生态景观等来表达对大自然的热爱和敬畏之情。这些国画作品不仅具有艺术价值，还能起到宣传环保理念的作用。可以将这些作品制成宣传画、海报等，张贴在校园、社区等地方，让更多的人了解环保的重要性。戏曲作为中国传统的表演艺术形式，同样可以用来进行环保教育。可以创作一些以环保为主题的戏曲作品，通过生动的表演来宣传环保理念。这些戏曲作品可以以轻松幽默的方式呈现环保问题，让观众在欣赏表演的同时接受环保思想的熏陶。

（三）结合传统文化节日习俗，开展环保实践活动

传统文化节日习俗是民族文化的重要组成部分，也是进行环保教育的有利时机。结合传统文化节日习俗，开展环保实践活动，可以让学生在实际行动中践行环保理念，培养他们的环保责任感和行动力。在春节、中秋等传统节日期间，首先，可以组织学生参与垃圾分类、节能减排等环保实践活动。通过这些活动，学生能够了解节日习俗与环保之间的关系，引导他们在庆祝节日的同时关注环保问题。其次，也可以鼓励学生将环保理念融入节日的庆祝活动中，如使用环保材料制作节日装饰品、选择环保的庆祝方式等。最后，还可以结合传统文化中的农耕文化、渔猎文化等开展环保实践活动。可以组织学生参与农耕体验活动，让他们了解农作物的生长过程和农耕文化的精髓，同时引导他们关注土地资源的保护和利用问题。这样的实践活动，可以让学生更加深入地了解传统文化与环保之间的紧密联系，培养他们的环保意识和行动力。

三、以传统文化为根基的传播策略

（一）融合传统与现代媒介，拓宽环保信息的传播渠道

在信息传播高度发达的今天，媒介的多样性和融合性为环保教育的传播提供了广阔的空间。以传统文化为根基，融合传统与现代媒介，可以拓宽环

保信息的传播渠道，使得环保理念更加深入人心。一方面，要充分利用传统媒介的权威性和影响力。报纸、电视等传统媒体在公众心中具有较高的信任度，可以通过开设环保专栏、播出环保公益广告等形式，传递环保知识和理念。同时，可以邀请传统文化学者或专家，就传统文化中的环保思想进行解读和阐述，增强环保信息的文化厚度和深度。另一方面，要积极借助新媒体的广泛覆盖性和互动性。制作具有传统文化特色的环保短视频、动画、H5 页面等，在新媒体平台上进行广泛传播，吸引公众的关注和参与。同时，利用新媒体的互动性，开展线上环保知识竞赛、环保创意征集等活动，也能够激发公众的环保热情和创造力。

（二）开展主题宣传活动

1. 传统节日与环保元素的融合

传统节日的庆祝方式多种多样，其中不乏与环保理念相契合的元素。通过创新庆祝方式，我们可以将环保理念融入传统节日的庆祝活动中，赋予其新的时代内涵和意义。以春节、端午节、中秋节为例，在春节期间，我们可以倡导使用环保材料制作春联、灯笼等节日装饰品。相比传统的纸质春联和塑料灯笼，环保材料的春联和灯笼不仅更加环保，还能减少对环境的污染。同时，我们还可以鼓励公众减少一次性用品的使用，如使用可重复使用的餐具和购物袋，以减少垃圾的产生。在端午节期间，我们可以推广使用可降解材料的粽子包装。传统的粽子包装往往使用塑料等难以降解的材料，对环境造成了一定的污染，而使用可降解材料的粽子包装，则能够在满足节日需求的同时，减少对环境的影响。此外，我们还可以鼓励公众选择环保的庆祝方式，如组织龙舟赛时注重水资源的保护，避免对河流造成污染。在中秋节期间，我们可以倡导公众选择环保的月饼包装和庆祝方式。相比传统的塑料包装，纸质或布质包装更加环保，且能够循环使用。同时，我们还可以鼓励公众减少对月饼的浪费，避免过度包装和过度消费。

2. 主题宣传活动的策划与实施

为了更有效地挖掘传统节日与习俗中的环保元素，并开展相应的主题宣传活动，我们需要精心策划和实施一系列宣传活动。这些活动旨在增强公众的环保意识，并鼓励他们积极参与到环保行动中来。例如，通过社交媒体、电视、广播等渠道进行广泛宣传，向公众普及传统节日与习俗中的环保元素和环保理念；通过制作宣传海报、微电影、动画等形式多样的宣传材料，我们可以吸引更多人的关注，并激发他们的环保兴趣；通过组织一系列以环保为主题的庆祝活动，如环保春联制作比赛、可降解粽子包装设计大赛、环保月饼品尝会等。这些活动不仅能够让公众亲身体验到环保的乐趣，还能增强他们的环保意识和实践能力。

3. 传统文化的传承与发展

挖掘传统节日与习俗中的环保元素，并开展相应的主题宣传活动，不仅是为了增强公众的环保意识，更是为了促进传统文化的传承与发展。将环保元素注入传统节日的庆祝方式和习俗中，可以为传统文化注入新的活力和内涵。一方面，我们需要深入挖掘传统节日与习俗中的环保元素，并将其与现代环保理念相结合。研究古代节日庆祝方式中的环保实践，如使用天然材料制作装饰品、注重资源的节约利用等，并将其应用到现代的节日庆祝活动中来。另一方面，我们还需要创新传统节日的庆祝方式和习俗，以适应现代社会的需求和发展。可以利用现代科技手段来创新节日的庆祝方式，如通过虚拟现实技术来模拟传统的节日场景，让公众在享受科技带来便利的同时，也能感受到传统文化的魅力。此外，还可以通过教育、旅游等方式来推广和传播传统节日与习俗中的环保元素。例如，我们可以在学校开设相关课程，让学生了解和学习传统节日与习俗中的环保知识和实践；还可以开发相关的旅游产品，让游客在体验传统节日氛围的同时，也能了解到其中的环保元素和理念。

（三）打造具有传统文化特色的环保品牌活动

跨界合作与创新是现代社会发展的重要趋势之一。在环保教育领域，跨界合作与创新可以为传统文化与环保理念的融合提供新的思路和方法。通过跨界合作与创新，可以打造具有传统文化特色的环保品牌活动，提升环保教育的社会影响力和公众参与度。同时，也可以跨界与其他领域进行合作与创新。如与旅游行业合作推出以环保为主题的旅游线路或产品、与餐饮行业合作推广环保餐饮等。通过这样的跨界合作与创新，可以将环保理念渗透到社会生活的各个方面和领域之中，形成全社会共同关注和参与环保的良好氛围。

第八章　传统文化在当代环境教育中的传承与创新

第一节　传统文化在当代环境教育中的传承现状

一、在当代环境教育中的传承现状

（一）在环境教育中融合传统文化元素

1. 课程内容与教材的融合现状

在当代环境教育的课程内容与教材中，传统文化的融合已经初见成效。环境教育课程不再局限于现代科学知识的传授，而是开始深入挖掘和引入传统文化中的生态智慧。传统文化内容的选取和呈现方式缺乏系统性，导致学生在学习过程中难以形成完整的知识体系。此外，由于传统文化与现代科学之间存在一定的差异和隔阂，如何在环境教育中有效地融合两者，使之相辅相成，也是一个亟待解决的问题。

2. 传统文化与环境教育理念的融合现状

当前，传统文化与环境教育理念的融合在教育实践中展现出独特的魅力与潜力。随着环境问题的日益严峻，环境教育逐渐成为全球教育的重要组成部分，而传统文化的融入则为环境教育提供了新的视角和丰富的资源。传统文化中蕴含着丰富的生态智慧和环保实践，与现代环境教育理念有着深刻的契合。越来越多的教育工作者开始认识到，将传统文化中的环保智慧融入环境教育中，不仅可以增强学生对环境的认知和理解，还能培养环保责任感和行动力。在教育实践中，这种融合体现在课程内容的拓展、教学方法的创新以及教育理念的深化等多个层面。一些学校通过开设结合传统文化的环境教育课程，让学生在了解古代生态智慧的同时，思考现代环境问题的解决之道。在教学方法上，实地考察、案例分析等被广泛应用于环境教育中，使学生能够亲身体验传统文化的环保实践，从而加深他们对环境问题的认识和培养他们解决环境问题的技能。

（二）教育实践中传统文化的融入与开展现状分析

1. 教育理念层面的融入与开展

在教育理念层面，传统文化的融入与开展主要体现在对教育目标、教育价值观以及教育方式的重新审视和定位上。随着社会的快速发展和全球化的不断深入，越来越多的教育工作者开始意识到，传统文化不仅是民族身份和文化连续性的重要基石，也是培养具有全球视野和本土情怀的现代人才不可或缺的教育资源。在教育目标的设定上，越来越多的学校和教育机构开始将传统文化的传承与创新作为教育的重要组成部分，旨在通过教育引导学生认识和理解传统文化的价值，培养他们的文化认同感和自豪感。这种教育目标的转变，不仅体现在课程设置上，更贯穿于整个教育过程，成为教师教学和学生学习的重要导向。在教育价值观上，传统文化所倡导的仁爱、礼让、诚信等核心价值观开始被重新发掘和诠释，成为当代教育的重要价值追求。教育工作者努力将这些传统价值观融入日常教学中，通过言传身教、情景模拟等方式，让学生在潜移默化中接受并内化这些价值观，从而培养他们的道德品质和人文素养。在教育方式上，传统文化所强调的因材施教、注重实践等教育理念也开始被现代教育所借鉴和吸收。教育工作者努力探索将传统文化教育理念与现代教学方法相结合的有效途径，以期在传承与创新之间找到最佳的平衡点。

2. 在课程设置与教学实施中的融入

在课程设置与教学实施中，传统文化的融入与开展体现在具体的教学内容、教学方法以及教学评价等多个环节。越来越多的学校开始尝试在课程中增加传统文化的内容，如开设国学课、书法课、传统节日文化课等，学生可以在学习中直接接触和了解传统文化。在教学方法上，教育工作者也在积极探索将传统文化融入日常教学中的有效途径。例如，通过故事讲述、角色扮演、实地考察等方式，学生能够亲身体验传统文化的魅力，从而增强他们的学习兴趣和参与度。同时，现代科技手段如多媒体、虚拟现实等也被广泛应用于传统文化的教学中，以更加生动、直观的方式展示传统文化的内涵和价值。在教学评价上，学校和教育机构也开始注重对学生传统文化素养的评价。除了传统的知识测试，还通过项目报告、口头演讲、实践活动等方式评价学生对传统文化的理解和应用能力。这种评价方式的变化，不仅有助于更全面地了解学生在传统文化学习方面的成果和进步，也能进一步激发学生的学习积极性和创新精神。

3. 教育环境与校园文化中的传统文化氛围营造

教育环境与校园文化是传统文化融入与开展的重要载体。越来越多的学校开始注重在校园环境中营造传统文化的氛围，如设置传统文化宣传栏、悬挂古代名人画像、布置传统节庆装饰等，让学生可以在日常生活中感受传统文化的气息。在校园文化建设中，学校还注重将传统文化的元素融入校训、校歌、校徽等校园文化标识中，使之成为学校精神文化的重要组成部分。这种将传统文化与校园文化相结合的方式，不仅有助于传承和弘扬传统文化，也能进一步提升学校的文化品位和办学特色。

（三）传统文化传承在环境教育中的现状问题

1. 教育理念层面的缺失

当前，部分教育者在实施环境教育时，往往将传统文化视为独立的文化体系，忽视了其与环境保护之间的内在联系。这种割裂的教育理念导致环境教育缺乏深厚的文化底蕴，难以激发学生深层次的情感共鸣和责任感。同时，也限制了传统文化在环境保护领域的应用与拓展，使得传统文化中的环保智慧未能充分发挥其应有价值。在环境教育过程中，部分教育者过于强调技术层面和制度层面的环保措施，而忽视了文化层面的环保意识培养。这种单一化的环保意识倾向，使得学生在面对环境问题时，往往只关注表面现象和短期解决方案，缺乏从文化根源上探寻环保之道的能力。传统文化的缺失，使得环境教育难以触及学生的心灵深处，难以形成持久而深刻的环保观念。

2. 教育内容及方法层面的局限

当前的环境教育教材，虽然开始注重引入传统文化元素，但整体而言，这种结合仍显不足。教材内容往往侧重于环保知识的普及和环保技能的培养，而对传统文化中的环保智慧挖掘不够深入。此外，教材编写者在选择传统文化内容时，也往往局限于一些广为人知的典故和成语，缺乏对传统文化中丰富的环保思想进行全面展示。这种局限性使得学生在学习过程中难以形成对传统文化环保智慧的系统性认识和理解。

在环境教育实践中，部分教育者仍采用传统的讲授式教学方法，忽视了学生在学习过程中的主体性和创造性。这种单一的教学方法难以激发学生的学习兴趣和积极性，使得传统文化的传承效果大打折扣。同时，还有部分教育者在尝试将传统文化融入环境教育时，缺乏创新性的教学设计和实践探索，导致教学效果不尽如人意。因此，如何创新教学方法，使传统文化在环境教育中焕发新的生命力，成为当前亟待解决的问题之一。

3. 社会与文化环境层面的制约

在当今社会，随着全球化的深入发展和西方文化的广泛传播，部分人群对传统文化的价值认知存在偏差。他们往往认为传统文化是落后、保守的象征，难以适应现代社会的发展需求。这种认知偏差不仅影响了传统文化的传承与发展，也制约了其在环境教育中的应用与拓展。当传统文化被边缘化甚至被排斥时，其在环境教育中的价值自然难以得到充分发挥。在全球文化多元化的背景下，各种文化思潮相互激荡、碰撞，为传统文化的传承带来了前所未有的冲击与挑战。一方面，外来文化的涌入使得部分人群对传统文化的认同感和归属感减弱；另一方面，文化间的竞争与融合也使得传统文化的传承面临诸多不确定性因素。在环境教育领域，这种文化多元化的冲击与挑战表现为传统环保智慧与现代环保理念的碰撞与融合，如何在保持传统文化特色的同时吸收现代环保理念的精髓成为亟待解决的问题之一。

在我国，教育资源分配不均与地域差异问题长期存在，这也对传统文化在环境教育中的传承产生了不利影响。一些经济欠发达地区和偏远地区由于教育资源匮乏、师资力量薄弱等，难以有效开展环境教育及传统文化传承工作。即便是在经济发达地区和城市地区，不同学校之间的教育资源分配也存在差异，导致传统文化在环境教育中的传承效果参差不齐。这种教育资源分配不均与地域差异问题严重制约了传统文化在环境教育中的广泛传播与深入发展。

二、传统文化传承在环境教育中的改进

（一）传统文化传承的主要渠道与方式

传统文化的传承在当代环境教育中呈现出多样化的渠道和方式。这些渠道和方式不仅覆盖了学校教育的各个阶段，还延伸到了社会教育的各个领域。在学校教育层面，传统文化传承的主要渠道包括课堂教学、校园文化活动以及课外实践等。在课堂教学方面，学校通过开设相关课程、组织专题讲座等方式，向学生传授传统文化知识。同时，校园文化活动也是传统文化传承的重要载体。例如，学校可以举办传统文化节、环保主题展览等活动，让学生在参与中感受传统文化的魅力，增强他们的环保意识。此外，课外实践也是传统文化传承中不可忽视的一环。例如，学校可以组织学生参加环保志愿服务、传统文化体验等活动，让学生在实践中深化对传统文化的理解和认同。在社会教育层面，传统文化传承的渠道和方式更加广泛。一方面，政府和社会组织可以通过举办环保公益讲座、传统文化培训班等活动，向公众普及传统文化和环保知识。另一方面，媒体和网络平台也可以发挥重要作用。例如，电视台可以通过制作播放有关传统文化和环保的纪录片、综艺节目等；网络平台则可以通过开设传统文化和环保的专题网站、社交媒体账号等，为公众

提供丰富多样的学习资源和交流平台。

（二）　当代环境教育对传统文化的需求

1. 需求层面

当代环境教育对传统文化的需求，首先体现在对传统文化中生态智慧的挖掘与应用上。传统文化中蕴含着丰富的生态思想和自然观念，这些思想观念在现代社会依然具有极其重要的价值。例如，古代农耕文化中的"轮作休耕"制度、水利工程的智慧等，都体现了人与自然和谐相处的理念，这些理念对于今天的环境教育来说，是极为宝贵的教学资源。环境教育需要借助这些传统文化中的生态智慧，帮助学生更好地理解环保知识、培养他们的环保意识和责任感。将传统文化中的生态思想与现代环保理念相结合，环境教育可以构建出更加全面、深入的教学体系。例如，在讲解水资源管理的重要性时，可以引入古代水利工程的智慧，让学生了解到古人是如何巧妙地利用自然力量，实现水资源的可持续利用，从而引导他们思考现代社会中水资源保护的问题。此外，传统文化中的教育方法和理念也可以为环境教育提供有益的借鉴和启示。

2. 接纳层面

随着环保意识的不断提升和生态文明建设的深入推进，当代环境教育对传统文化的接纳度也在不断提高。这一接纳度不仅体现在对传统文化知识的认可和接纳上，更体现在对传统文化理念的践行和推广上。越来越多的环境教育工作者开始意识到传统文化在环保教育中的重要作用，并积极尝试将传统文化元素融入到环境教育的各个环节中去。在环境教育的实践中，传统文化理念的践行和推广体现在多个方面。例如，在校园环境文化建设中，可以融入传统文化元素，如设置以传统文化为主题的环保宣传栏、举办传统文化与环保相结合的校园活动等，让学生在日常生活中感受到传统文化的魅力，同时增强他们的环保意识。

3. 挑战与展望

尽管当代环境教育对传统文化的需求与接纳度不断提高，但在实际融合过程中仍面临着一些挑战。首先，如何将传统文化中的生态智慧与现代环保理念有效结合，构建出符合当代社会需求的环境教育体系，是一个需要深入探索的问题。其次，如何在传承传统文化的同时，创新其表现形式和传播方式，使其能更加贴近现代学生的生活和学习习惯，也是环境教育工作者需要思考的问题。面对这些挑战，我们需要采取更加积极有效的措施。第一，加强跨学科研究与合作，将传统文化学、环境科学、教育学等多个学科的知识和方法相结合，共同推动环境教育的发展。第二，注重实践与创新，鼓励环境教育工作者在实践中不断探索和创新，将传统文化元素以更加生动、有趣的方式融入环境教育中。第三，也可以借助现代科技手段，如虚拟现实、增强现实等，为传统文化与环境教育的融合提供更多的可能性和空间。展望未来，传统文化与环境教育的融合与创新将是一项长期而艰巨的任务，但只要我们保持对传统文化的敬畏之心和对环保事业的热爱之情，不断探索和实践，就一定能够构建出更加完善、深入的环境教育体系，为培养具有生态意识、能够推动社会可持续发展的新型人才做出更大的贡献。同时，我们也相信，在这一过程中，传统文化将焕发出新的生机与活力，成为推动当代社会文明进步的重要力量。

三、传统文化在当代环境教育中的具体传承实践

（一）课程体系构建

在环境教育的课程体系构建中，传统文化的融入是一个重要的创新方向。这一融入不是简单的叠加或拼凑，而是需要深入挖掘传统文化中的生态智慧，将其与现代的环保知识进行有机融合，形成具有独特文化内涵的环境教育体系。通过讲解古代农耕文化中的生态实践、古代水利工程的环保理念等，学生可以了解到传统文化中蕴含的丰富生态思想。同时，在这门课程中，还可以结合现代的环保知识，如生态系统理论、可持续发展理念等，引导学生思考如何将传统文化中的生态智慧应用到现代社会的环保实践中。在环境教育的教材编写上，也需要注重传统文化的融入。教材可以选取传统文化中的经典文献、历史故事等作为案例或引子，通过生动的故事和深刻的道理，帮助学生更好地理解环保知识。在环境教育的课程体系中，还可以设置跨学科的课

程，将传统文化与环保知识进行深度整合。可以开设一门"传统文化与生态环境"的跨学科课程，邀请文学、历史、环保等多个学科的专家进行授课，让学生从多个角度深入理解传统文化中的生态智慧以及在现代环保中的应用。

（二）教学方法创新

在环境教育的教学方法上，传统文化的传承也需要注重创新。传统的教学方法往往只注重知识的灌输，而在传统文化的传承实践中，我们需要更加注重学生的参与和体验，让传统文化元素在环境教育中得以活化利用。首先，可以采用讨论式、探究式的教学方法，鼓励学生主动思考环保问题。在讨论和探究的过程中，可以引导学生挖掘传统文化中的生态思想，并将其与现代环保理念相结合。例如，可以组织学生进行小组讨论，探讨古代农耕文化中的"轮作休耕"制度对现代农业可持续发展的启示。其次，可以利用虚拟现实、增强现实等现代科技手段，将传统文化元素以更加生动、有趣的方式呈现在学生面前。例如，可以开发一款以传统文化为主题的环保教育游戏，让学生在游戏中体验到古代水利工程的智慧、古代农耕文化的魅力等，从而增强他们对环保知识的兴趣和认同感。最后，还可以采用项目式学习的方法，让学生在实际项目中运用传统文化中的生态智慧。例如，可以组织学生开展一项关于校园水资源管理的项目，引导学生运用古代水资源管理的理念和方法，提出切实可行的校园水资源管理方案。

（三）社会实践

社会实践是环境教育中不可或缺的一部分，也是传统文化传承的重要渠道。通过社会实践，学生可以将所学的环保知识和传统文化中的生态智慧应用到实际生活中，形成更加深刻的环保意识和责任感。在这些活动中，学生可以亲身体验到人与自然和谐相处的重要性，了解到传统文化中蕴含的丰富生态思想。同时，也可以引导学生思考如何将这些生态思想应用到现代社会的环保实践中。首先，可以组织学生开展环保志愿服务活动，如河流清理、垃圾分类宣传等。在这些活动中，学生可以亲身参与到环保行动中，感受到环保事业的重要性和紧迫性。同时，也可以引导学生思考如何将传统文化中的环保理念融入志愿服务中，形成更加具有文化内涵的环保行动。其次，还可以鼓励学生将所学的环保知识和传统文化中的生态智慧应用到日常生活中。例如，可以引导学生思考如何在日常生活中节约用水、用电等资源，践行传统文化中的节俭理念。最后，也可以鼓励学生将所学的环保知识分享给家人和朋友，共同推动环保事业的发展。

四、传统文化在当代环境教育中传承的效果评估

（一）学生的认知与行为变化

1. 认知层面的深化与拓展

在认知层面，学生通过接触和学习传统文化中的生态智慧，能够更深刻地理解环保知识，形成更为全面的环保观念。这一过程并非简单的知识灌输，而是学生在深入了解传统文化的基础上，逐渐认识到环保与文化之间的紧密联系，开始意识到环保不仅仅是一种技术层面的需求，更是一种文化层面的诉求。这种认知的转变，使得学生在面对环保问题时，能够更加深入地思考其背后的文化根源和社会背景。为了进一步深化学生的环保认知，环境教育可以借鉴传统文化中的生态哲学思想，引导学生理解人类与自然环境的相互依存关系。通过学习这些思想，学生能够更加全面地认识环保的重要性，不仅仅是从技术的角度，更是从文化的高度去理解和把握。此外，传统文化中的许多故事、传说和典故都蕴含着丰富的生态智慧，通过讲述这些故事，教师可以引导学生思考其中的环保意义，从而进一步拓展学生的环保认知。

2. 行为层面的积极转变

在行为层面，传统文化传承对学生环保行为的影响更为显著。通过学习传统文化中的节俭理念、和谐共生思想等，学生开始在日常生活中践行这些理念，从而使学生更加注重资源的节约利用，更加关注生态环境的保护。这种行为的转变，不仅体现在学生的个人生活中，如减少浪费、节约用水用电等，更体现在他们参与社会环保活动的积极性和创造性上。为了促进学生的

行为转变，环境教育可以设计一系列与传统文化相关的实践活动。例如，组织学生参与农耕文化体验活动，让他们亲身体验传统农耕方式中的环保实践。通过这样的活动，学生可以更加直观地感受到人与自然和谐相处的重要性，并将这种体验转化为实际的环保行为。此外，还可以鼓励学生将所学的环保知识应用到日常生活中，如推广使用环保材料、参与垃圾分类等。值得注意的是，学生的行为转变往往是一个长期的过程。因此，环境教育需要持续关注学生的行为变化，并及时给予指导和鼓励。通过长期的引导和培养，学生可以逐渐形成稳定的环保行为习惯，并为社会环保事业的发展做出积极的贡献。

3. 评估方法的多元化与科学性

为了更准确地评估传统文化传承对学生认知与行为的影响，我们可以采用问卷调查、访谈、观察等多种研究方法。这些方法各有优势，可以相互补充，共同构成一个全面、科学的评估体系。问卷调查是一种常用的评估方法，可以通过设计合理的问卷题目，收集学生在传承活动前后的认知与行为数据。对这些数据进行分析，我们可以客观地评估传承活动的效果，并了解学生在哪些方面取得了显著的进步。访谈法则是一种更加深入的评估方法。通过与学生面对面的交流，我们可以更加直观地了解他们的思想变化和行为转变。同时，访谈法还可以帮助我们了解学生在传承活动中遇到的困难和问题，以便我们能够及时调整和改进传承策略。观察法则是一种更加直观的评估方法。通过观察学生在日常生活中的行为表现，我们可以直接地了解他们的环保行为习惯和环保意识。同时，观察法还可以帮助我们发现学生在行为转变过程中的亮点和不足，以便我们能够更加有针对性地进行指导和帮助。

（二）环境教育的课程体系与教学方法创新

在课程体系层面，传统文化的融入使得环境教育的课程体系更加完善、丰富。这些课程的开设，不仅为学生提供了更多了解传统文化和环保知识的机会，也为环境教育的发展注入了新的活力。在教学方法层面，传统文化的传承推动了环境教育教学方法的创新。通过讨论式、探究式等教学方法的应用，学生的主动性和创造性得以充分发挥。同时，虚拟现实、增强现实等现代科技手段的运用，也使得传统文化元素在环境教育中得以更加生动、有趣的呈现。为了评估传统文化传承对环境教育课程体系与教学方法创新的影响，我们可以采用案例分析、比较研究等方法。通过对比传承活动前后环境教育课程体系与教学方法的变化，我们可以客观地评估传承活动在推动环境教育创新方面的效果。

（三）社会文化的长远影响

传统文化在当代环境教育中的传承，是传承效果的深层体现，也是评估传承活动价值的重要维度。通过传统文化的传承，我们可以培养更多具有生态意识、能够推动社会可持续发展的新型人才。这些人才在未来的社会发展中，将成为推动环保事业、传承和创新传统文化的重要力量。他们的存在和发展，将使得社会文化更加注重生态环境的保护、更加珍视传统文化的价值。同时，传统文化的传承也将推动社会文化向更加和谐、共生的方向发展。通过学习传统文化中的和谐共生思想、节俭理念等，人们将更加注重人与自然的和谐相处、更加注重资源的节约利用。这种文化观念的转变，将使得社会文化更加符合可持续发展的要求、更加具有生态文明的内涵。为了评估传统文化传承对社会文化的长远影响，我们可以采用长期跟踪研究、社会文化指标分析等方法。通过长期跟踪研究传承活动对社会文化的影响和变化，我们可以客观地评估传承活动在推动社会文化发展方面的效果。同时，通过构建和分析社会文化指标，我们也可以更加深入地了解传承活动对社会文化的深层影响。

第二节　传统文化在当代环境教育中的创新应用与实践

一、传统文化在环境教育内容中的创新应用

（一）传统文化元素在环境教育教材中的融入

1. 古代文学作品中的自然描写与环境教育结合

古代文学作品，尤其是诗词歌赋，对自然之美的描绘细腻入微，充满了对自然的热爱和敬畏之情。这些作品不仅具有文学价值，更是进行环境教育

的宝贵资源。在环境教育教材中，可以精选一些描写自然风光的古代文学作品，如王维的《山居秋暝》、杜甫的《春夜喜雨》等，引导学生欣赏其中的自然之美，感受古人对自然的深情厚谊。同时，结合这些文学作品，可以向学生介绍相关的自然生态知识，如山水林田湖草沙的生态系统、动植物的生长习性等，使学生在欣赏文学之美的同时，增强对自然环境的认知和了解。进一步地，可以设计一些互动性强的教学活动，如让学生模仿古代文学作品的风格，创作自己的"自然诗篇"，或者组织学生进行"自然文学朗诵会"，通过朗诵和分享，加深学生对自然之美的感悟和对环保的责任感。这样的教学方式，既传承了传统文化，又创新了环境教育的形式，有助于提高学生的学习兴趣和参与度。

2. 农耕文化与环保实践的融合

农耕文化是中华民族传统文化的重要组成部分，其中蕴含着丰富的环保实践和经验。这些实践和经验对于现代环境教育具有重要的借鉴意义。在环境教育教材中，可以设置"古代农耕文化与环保"的章节，专门介绍古代农耕文化中的环保智慧和实践。例如，可以详细介绍农耕文化中的"轮作休耕"制度，这一制度通过轮换种植不同农作物和定期休耕，有效保持了土壤的肥力和生态平衡。教材中可以配以生动的插图和案例，让学生可以直观地了解这一制度的运作方式和环保效果。同时，还可以引导学生思考这一制度在现代农业中的应用价值，鼓励他们提出创新的想法和建议；如何在现代农场中实施"轮作休耕"制度以减少化肥使用、提高土壤质量等。此外，还可以介绍古代农耕文化中的有机肥使用、水资源管理等环保实践。通过这些内容的融入，学生可以认识到古代农耕文化不仅是一种生产方式，更是一种与自然和谐共生的生活方式，从而培养他们尊重自然、顺应自然的环保理念。

3. 传统节日与习俗中的环保元素挖掘

教材对于培养学生的环保意识和行为习惯具有潜移默化的作用。在环境教育教材中，可以深入挖掘传统节日与习俗中的环保元素，并将其与环保知识相结合。在教材中，可以介绍春节期间的一些环保习俗，同时，还可以引导学生思考如何在春节期间减少烟花爆竹的燃放，以减少空气污染和噪声污染。通过这样的介绍和引导，学生在庆祝节日的同时，也关注到环保问题，培养绿色生活方式。在教材中，还可以介绍中秋节赏月、吃月饼的习俗，并引导学生思考如何减少月饼包装的浪费、如何选择环保材料制作月饼等问题。通过这样的方式，学生在传统节日的庆祝中，也能感受到环保的重要性，培养他们的环保意识和责任感。

（二）古代水利工程智慧在水资源管理教育中的应用

1. 古代灌溉系统的介绍与水资源节约意识的培养

古代灌溉系统是古代水利工程的重要组成部分，它们通过巧妙的设计和科学的管理，实现了水资源的有效利用和节约。在当代水资源管理教育中，我们可以介绍古代灌溉系统的构造、原理和运行方式，让学生了解到古人是如何在没有现代科技的情况下，通过智慧和勤劳实现水资源的合理分配和高效利用的。

都江堰位于四川省，是世界上最古老的水利工程之一，至今仍在发挥着灌溉作用。通过讲解都江堰的"鱼嘴分水堤""飞沙堰溢洪道"和"宝瓶口进水口"等关键部位的设计和功能，学生可以了解到古代工程师是如何利用地形地貌，巧妙地引导水流，既保证了灌溉用水的需求，又防止了洪水的发生。同时，还可以引导学生思考，如果将这种节约用水的理念应用到现代生活中，我们如何在日常生活中更加珍惜每一滴水，实现水资源的可持续利用。为了进一步增强学生的水资源节约意识，可以组织学生进行实践活动，如模拟古代灌溉系统的设计和运行，让学生在实践中体会到水资源的宝贵和节约用水的重要性。通过这样的教学方式，学生不仅能够学习到古代水利工程的智慧，还能够培养出珍惜水资源、保护水环境的良好习惯。

2. 古代水利工程智慧与现代水资源管理技术的结合

古代水利工程中有许多成功的案例，如京杭大运河、坎儿井等，这些工程在建设和运行过程中充分展现了古代人类在水资源管理方面的卓越才能。在当代水资源管理教育中，首先，我们可以通过对这些古代水利工程案例的深入分析，引导学生了解古代水利工程的建设背景、设计思路、运行效果以及对当时社会经济的影响。其次，我们可以将这些古代水利工程的智慧与现代水资源管理技术相结合，探讨如何在现代水资源管理中借鉴和应用古代水利工程的经验。分析京杭大运河的建设和运行对当时南北经济交流的重要性，以及它在水资源调配和运输方面的独特设计。再次，我们可以引导学生思考，如果将大运河的水资源调配智慧应用到现代城市供水系统中，将如何优化水资源的分配和调度、提高水资源的利用效率。最后，我们可以介绍现代水资源管理技术，如智能水网、雨水收集利用系统等，让学生了解到现代科技在古代水利工程智慧基础上的创新和发展。

3. 古代水利工程维护与管理经验的现代应用

古代水利工程的长期运行和维护离不开科学的管理和维护经验。在当代水资源管理教育中，首先，我们可以介绍古代水利工程的维护与管理经验，让学生了解到古代人类是如何通过制定规章制度、设立专门管理机构、采用先进维护技术等手段来确保水利工程的长期稳定运行的。其次，我们可以引导学生思考这些古代维护与管理经验在现代水资源管理中的应用价值。每年定期对水利工程进行检查和维修的制度，通过讲解这一制度的重要性和实施效果，学生可以了解到定期维护和检查对于确保水利工程长期稳定运行的重要性。再次，我们可以引导学生思考，在现代水资源管理中，我们如何借鉴这一制度来制定更加科学合理的维护和检查计划，以确保现代水利工程的长期稳定运行。最后，我们还可以介绍古代水利工程中的管理经验，如设立专门的管理机构、制定详细的规章制度、采用先进的维护技术等。这些经验对于现代水资源管理同样具有重要的借鉴意义。引导学生思考这些经验在现代水资源管理中的应用价值，可以培养他们的创新思维和解决问题的能力。

（三）传统文化在环境教育中的跨学科整合与应用

1. 培养环境审美情趣

文学与艺术是传统文化的重要组成部分，它们以独特的方式表达着人类对自然的热爱和敬畏。在环境教育中，我们可以借助文学与艺术的力量，引导学生欣赏自然之美，培养他们的环境审美情趣。例如，选择一些描写自然风光的古代诗词或现代环保主题的文学作品，让学生阅读并分析其中的环境元素。通过这样的活动，学生不仅可以学习到文学知识，还能加深对自然环境的感知和认识。同时，还可以组织学生进行环保主题的绘画、摄影或音乐创作，让他们用自己的方式表达对自然的情感和思考。这样的实践活动不仅能够培养学生的艺术才能，还能让他们在实践中更加深入地理解环保的重要性，进一步将文学与艺术和环境科学相结合，引导学生进行跨学科的学习。比如，在学习古代诗词中的自然描写时，可以同时介绍相关的生态系统和生物多样性知识；在进行环保主题的绘画创作时，可以引导学生观察并描绘身边的自然环境，让他们了解到艺术与环境科学的紧密联系。

2. 理解人与自然的关系

在环境教育中，首先，我们可以挖掘传统文化中的环境智慧，结合历史与地理的知识，引导学生深入理解人与自然的关系。介绍古代农耕文化中的环保实践，如"轮作休耕"、有机肥使用等，让学生了解到古代人类是如何在长期的农业生产中积累出丰富的环保经验的。其次，可以结合地理知识，介绍不同地区的自然环境对农耕方式的影响，以及农耕方式对自然环境的影响。通过这样的学习，学生可以更加全面地理解人与自然之间的相互作用和依存关系。最后，还可以介绍一些历史上著名的环保人物和事件，如古代的环保法令、民间的环保习俗等，让学生了解到环保是一个跨越时空的永恒主题。通过历史的学习，学生可以更加深刻地认识到环保的重要性和紧迫性。

3. 创新环境教育实践

科学与技术是推动现代社会发展的重要力量。在环境教育中，首先，可以将传统文化与现代科技相结合，创新环境教育的实践方式。可以利用现代科技手段来展示和传播传统文化中的环保智慧。通过制作多媒体课件、开发环保主题的 App 或游戏等方式，学生可以更加直观地了解到古代环保实践的原理和效果。其次，可以引导学生运用现代科技手段来解决环境问题，如利用大数据分析来优化水资源管理、使用遥感技术来监测森林覆盖变化等。最后，还可以组织学生进行跨学科的项目式学习。比如，让学生围绕一个具体的环保问题（如城市垃圾分类与处理），结合文学、艺术、历史、地理、科学等多学科的知识和方法进行研究和实践。通过这样的学习方式，学生可以更加深入地理解环保问题的复杂性和多样性，也能更好地培养他们的创新思维和解决问题的能力。

二、传统文化在环境教育方法中的创新实践

（一）以传统节日为契机，开展环境教育活动

1. 挖掘与传播传统节日习俗中的环保元素

每个传统节日都有其独特的习俗和仪式，这些习俗中往往蕴含着丰富的环保元素。例如，春节期间的扫尘习俗，不仅是对家居环境的清洁，也寓意着辞旧迎新，扫除一切不吉之物。我们可以借此机会，引导公众在扫尘的同时，也关注家庭垃圾的分类与处理，倡导使用环保清洁产品，减少化学清洁剂对环境的污染。又如中秋节的赏月习俗，我们可以结合月亮的盈亏变化，讲解地球生态的平衡之道，引导人们思考人与自然和谐共生的重要性。为了更有效地传播这些环保元素，我们可以利用社交媒体、电视、广播等多种渠道，制作和播放以传统节日习俗中的环保为主题的公益广告、微电影或纪录片。这些作品可以以生动有趣的方式展示传统节日习俗中的环保智慧，激发公众对环保的兴趣及提高参与度。同时，我们还可以通过举办讲座、研讨会等活动，邀请专家学者深入解读传统节日习俗中的环保内涵，提升公众对环保的认知水平。

2. 策划与实施以环保为主题的传统节日活动

直接策划和实施以环保为主题的传统节日活动。在元宵节期间，可以组织"绿色元宵"活动，鼓励公众使用可降解或环保材料制作灯笼，减少塑料等不可降解材料的使用。同时，可以设置环保知识灯谜，让公众在猜灯谜的过程中学习到环保知识。在清明节期间，我们可以倡导"绿色祭扫"，鼓励公众使用鲜花代替纸钱，减少焚烧纸钱产生的空气污染。为了确保这些环保主题的传统节日活动能够顺利实施并取得预期效果，我们需要提前做好充分的准备工作，包括制定详细的活动方案、明确活动目标和预期效果、确定活动时间和地点、准备必要的物资和设备、邀请合适的合作伙伴和嘉宾等。在活

动实施过程中，我们需要密切关注活动的进展情况，及时调整活动方案，确保活动能够顺利进行。同时，我们还需要做好活动的宣传和推广工作，吸引更多的公众参与到活动中来。

3. 构建传统节日与环保教育的长期融合机制

要想让传统节日成为环境教育的有效载体，需要构建一种长期融合机制，将环保理念深深地植根于传统节日之中。这就需要在教育体系中加入与传统节日相关的环保教育内容，从小学到大学，都可以设置相关的课程或实践活动。在小学阶段，通过故事讲述、手工制作等方式，孩子们可以了解到传统节日习俗中的环保元素；在中学阶段，可以组织学生进行策划与实施以环保为主题的传统节日活动；在大学阶段，可以鼓励学生进行深入研究。同时，社会组织也应该发挥积极作用，推动传统节日与环保教育的深度融合。鼓励和支持学校、社区等机构开展以环保为主题的传统节日活动；社会组织则可以发挥自身优势，提供资金、技术、人才等方面的支持。此外，我们还可以借助媒体的力量，广泛宣传传统节日与环保教育的融合成果，形成全社会共同关注和支持的良好氛围。

（二）利用传统手工艺，进行环保创意实践

传统手工艺作为传统文化的瑰宝，不仅蕴含着深厚的文化底蕴，还承载着丰富的生态智慧。在当代环境教育中，利用传统手工艺进行环保创意实践，不仅是对传统文化的传承与创新，更是对环境教育模式的崭新探索。通过深入挖掘传统手工艺中的环保元素，我们可以将其与现代环保理念相结合，创造出既具有传统文化韵味又符合环保要求的创意作品。例如，利用废旧纸张制作传统剪纸，不仅实现了资源的循环利用，还赋予了传统剪纸新的生命力。这样的实践不仅加深了公众对环保的认识，还激发了他们对传统文化的兴趣与热爱。在实施过程中，我们要注重将传统手工艺的技能培训与环保知识的普及相结合。通过举办工作坊、讲座等活动，我们可以向公众传授传统手工艺的制作技巧，同时引导他们思考如何在制作过程中融入环保理念。这种寓教于乐的方式，使得环保教育更加生动有趣，更容易被公众所接受和认同。

此外，我们还鼓励公众将所学到的知识应用到日常生活中，如利用传统编织技艺制作环保袋，替代一次性塑料袋，从而减少塑料污染。这样的实践不仅提升了公众的环保行动力，还为传统文化的传承与发展开辟了新的路径。

（三）结合传统农耕文化，体验生态环保实践

首先，可以组织学生参观传统农耕文化遗址或农业生态园，让他们了解到传统农耕方式和现代农业技术的差异，以及传统农耕方式对生态环境的保护作用。其次，可以引导学生参与农耕实践，如播种、浇水、施肥、收获等，让他们在实践中感受到农业生产的艰辛和自然的恩赐，培养他们的感恩之心和环保意识。最后，我们还可以结合传统农耕文化，开展以生态环保为主题的研究性学习。比如，让学生研究传统农耕方式中的环保实践，如"轮作休耕"、有机肥使用等，了解这些实践对土壤保护、水资源节约和生物多样性维护的作用。这样的研究性学习，不仅可以增强学生的环保意识和责任感，还能够培养他们的科研能力和创新思维。

三、传统文化对环境教育理念的深化与拓展

（一）传统文化中的生态智慧对环境教育理念的深化

传统文化中蕴含着丰富的生态智慧，这些智慧体现了人与自然和谐共生的理念。在当代环境教育中，我们可以借鉴这些生态智慧，深化环境教育理念，引导学生树立正确的生态观，强调人与自然的紧密联系和相互依存关系，人类不是自然的征服者，而是自然的一部分，我们的生存和发展都离不开自然的恩赐。因此，在环境教育中，我们应该引导学生尊重自然、顺应自然、保护自然，学会与自然和谐共处，强调人类的生产和生活应该顺应自然的节律和变化，不违背自然的规律。在当代环境教育中，我们可以借鉴这一理念，引导学生关注季节变化、气候变化等自然现象，了解这些现象对生态环境的影响，从而培养他们的生态敏感性和环保意识。传统文化中的"勤俭节约"美德也是生态智慧的重要体现。这一美德告诉我们，人类应该珍惜自然资源，

避免浪费和过度消费。在环境教育中，我们可以引导学生学习这一美德，培养他们的节约意识和环保习惯，让他们从小事做起，为保护环境贡献自己的力量。

（二）传统文化的实践经验对环境教育理念的拓展

传统文化中不仅蕴含着丰富的生态智慧，还积累了大量的实践经验。这些实践经验是古人在长期生产生活中总结出来的，对于当代环境教育具有重要的借鉴意义。传统农业中的耕作方式和农耕技术为我们提供了宝贵的实践经验，例如，"轮作休耕"、有机肥使用等农耕方式不仅可以提高土壤肥力、减少病虫害，还可以保护生态环境、维护生物多样性。利用废旧纸张制作纸浆画、利用废旧布料制作环保袋等手工艺实践不仅可以减少废弃物对环境的污染，还可以变废为宝，创造新的价值。在当代环境教育中，我们可以引导学生参与这些手工艺实践，让他们在制作过程中学习到环保知识，培养他们的创新思维和实践能力。

（三）传统文化与环境教育的融合路径与创新实践

要实现传统文化对环境教育理念的深化与拓展，需要探索传统文化与环境教育的融合路径，并开展创新实践。在教育体系中加入与传统文化相关的环境教育内容。例如，在小学阶段，我们可以通过故事讲述、手工艺制作等方式，让孩子们了解到传统文化中的生态智慧和环保实践；在中学阶段，我们可以组织学生进行传统文化与环境教育的课题研究或实践活动；在大学阶段，则可以鼓励学生进行深入研究，探讨传统文化与环境教育的融合路径和创新实践。可以利用现代科技手段，创新传统文化与环境教育的融合方式。例如，我们可以利用虚拟现实技术，让学生在虚拟环境中亲身体验传统农耕方式或手工艺实践；我们还可以利用互联网和社交媒体平台，开展线上传统文化与环境教育活动，吸引更多的公众参与。

鼓励社会各界共同参与传统文化与环境教育的融合实践，我们可以与学校、社区、企业等机构合作，共同开展传统文化与环境教育的宣传活动、实践项目或研究课题；邀请专家学者、文化传承人、环保志愿者等人士参与进来，为传统文化与环境教育的融合提供智力支持和人才保障。

第三节　传统文化在提升公众环保意识与能力中的作用

一、传统文化对公众环保意识的影响

（一）对公众环保行为的引导

传统生活方式中的节约与简朴不仅是一种美德，也是一种环保行为。这种行为方式在古代生产力水平相对低下、资源相对匮乏的背景下形成，并逐渐成了传统文化的重要组成部分。在当今社会，这种节约与简朴的生活方式仍然具有重要的现实意义，它引导着公众更加注重环保、减少浪费。节约精神不仅减少了资源的消耗和浪费，也减轻了环境的负担。公众在受到这种节约精神的影响后，也会更加注重环保、减少浪费。例如，他们会选择购买环保材料制成的衣物和器具，选择食用有机食品和绿色食品等。他们会选择购买质量上乘、经久耐用的商品，而不是追求华丽和奢侈。因此，传统生活方式中的节约与简朴对公众的环保行为具有重要的引导作用。它使公众在日常生活中更加注重环保、减少浪费，从而形成了良好的环保习惯和行为方式。

（二）传统手工艺与民间艺术对公众环保审美的培养

传统手工艺与民间艺术是传统文化的重要组成部分，它们不仅具有独特的审美价值，也蕴含了深刻的环保理念。这些手工艺和民间艺术以独特的形式展现了人与自然的和谐共处，使公众在欣赏和体验的过程中，逐渐培养起了环保审美。传统手工艺，如剪纸、刺绣、陶瓷等，都注重材料的节约和再利用。手工艺人在制作过程中，会充分利用材料的每一寸空间，并将其发挥到极致。同时，他们也会选择使用环保材料来制作手工艺品，以减少对环境的影响。这种节约和环保的理念在手工艺品中得到了充分的体现，也使公众在欣赏和体验的过程中感受到了环保的重要性。这些作品不仅使公众感受到了艺术的魅力，也培养了他们对自然的敬畏和尊重之情。因此，传统手工艺与民间艺术对公众的环保审美具有重要的培养作用。它们使公众在欣赏和体验的过程中逐渐感受到了环保的重要性，并逐渐形成了独特的环保审美观念。这种审美观念不仅影响了公众的日常生活行为方式，也推动了社会对环保事业的关注和支持。

二、传统文化在提升公众环保能力中的作用

（一）环保实践的演练场

传统节日与习俗是传统文化的重要组成部分，它们为公众提供了参与环保实践的宝贵机会。在这些节日与习俗中，蕴含着丰富的环保智慧与实践经验，使公众在庆祝节日的同时，也能锻炼和提升自身的环保能力。这种能力的提升虽然是潜移默化的，但却具有深远的影响。它们使公众在日常生活中更加注重环境保护，并能够运用所学的环保知识与技能来减少对环境的影响。

（二）传统生活方式

1. 节约精神

传统文化中的节约精神是环保行为的重要体现，也是其核心环保理念之一。这种节约精神强调对资源的珍视与合理利用，倡导在日常生活中节约资源、减少浪费、循环利用物品。公众在受到这种节约精神的影响后，会深刻认识到资源的有限性与珍贵性，从而学会如何更加明智地使用资源，避免浪费。节约精神还体现在对时间的珍惜上。传统文化强调"一寸光阴一寸金"，鼓励人们充分利用时间、避免虚度光阴。这种对时间的节约意识也可以转化为对环境的保护行动，因为时间的有效利用往往意味着资源的节约与环境的负担减轻。通过模仿与学习传统文化中的节约精神，公众可以逐

渐掌握节约资源、减少浪费、循环利用等环保技能。他们会更加注重选择环保的产品与服务，减少一次性用品的使用，积极参与垃圾分类与回收等环保活动。

2. 简朴生活

传统文化中的简朴精神是引导公众注重生活实用性与耐用性的重要理念。它强调生活的简朴与实用，倡导选择质量上乘、经久耐用的商品，减少不必要的消费与浪费。在传统文化中，简朴生活往往与自给自足、勤劳节俭等价值观紧密相连。公众在受到这种简朴精神的影响后，会学会如何依靠自己的力量创造生活所需，减少对外部资源的依赖。他们会更加注重生活的实用性与耐用性，选择那些能够长期使用且对环境影响较小的物品。通过模仿与学习传统文化中的简朴精神，公众可以逐渐养成更加环保的生活习惯。例如，他们会更加注重物品的维护与修复，延长其使用寿命；会更加倾向于选择二手商品或租赁服务，减少对新资源的需求；会更加关注产品的环保性能与可持续性，选择那些对环境友好的产品与服务。

3. 环保意识与能力的双重提升

通过模仿与学习传统生活方式中的环保行为与实践经验，公众可以逐渐提升自身的环保能力。这种能力的提升不仅体现在环保知识与技能的掌握上，更体现在环保行为习惯的养成上。传统文化为公众提供了丰富的环保行为示范与引导，使他们在日常生活中能够更加自觉地践行环保理念。在传统文化的影响下，公众会逐渐形成更加敏锐的环保意识。他们会更加关注身边的环境问题，明确环保的重要性与紧迫性，同时，他们会更加积极地参与环保活动，为保护环境贡献自己的力量。这种环保意识的提升不仅有助于公众个人环保行为的养成，也有助于推动整个社会的环保进程。此外，传统文化还有助于提升公众的环保能力。通过模仿与学习传统文化中的环保行为与实践经验，公众可以逐渐掌握更多的环保知识与技能。例如，学会如何更加有效地利用资源、如何减少污染物的排放、如何参与环保倡导与行动等。这些环保能力的提升使公众在日常生活中能够更加自如地践行环保理念，为保护环境做出更大的贡献。

(三) 环保创新的灵感源泉

1. 节约与再利用的环保智慧

传统手工艺，如剪纸、刺绣、陶瓷等，都蕴含着节约与再利用的环保智慧。手工艺人在制作过程中，注重充分利用材料的每一寸空间，并将其发挥到极致，这种对材料的珍视与尊重，体现了对自然的敬畏与感恩之心。他们深知，自然界的每一分资源都是宝贵的，因此，在制作手工艺品时，他们会尽量减少浪费，实现材料的最大化利用。同时，手工艺人也注重选择环保材料来制作手工艺品。他们深知，传统手工艺的传承与发展不能以牺牲环境为代价。因此，他们会选择那些可再生、可降解或对环境影响较小的材料来制作手工艺品，以减少对环境的影响。这种对环保材料的选择与使用，不仅体现了手工艺人的环保意识，也为公众提供了环保创新的思路与方法。传统手工艺中的节约与环保理念，不仅体现在手工艺品的制作过程中，更体现在其设计理念与审美追求中。手工艺人通过精湛的技艺与独特的创意，将节约与环保理念融入手工艺品的设计与制作中，使其既具有独特的审美价值，又蕴含着丰富的环保内涵。这种设计理念与审美追求，为公众提供了宝贵的环保创新灵感，引导他们在日常生活中不断探索与实践更加环保的生活方式。

2. 展现人与自然和谐共处的独特形式

民间艺术，如戏曲、舞蹈、音乐等，也以其独特的形式展现了人与自然的和谐共处。一些戏曲和舞蹈作品以自然为主题，通过生动的表演与优美的音乐来展现自然的魅力与力量。这些作品不仅让公众感受到了艺术的魅力，也激发了他们对环保创新的思考与探索。

在戏曲表演中，演员们通过精湛的演技与传神的表演，将自然界的万物赋予生命与情感。他们或化身为山川河流，或扮演为花鸟鱼虫，通过生动的表演来展现自然界的壮丽景色与生命力量。这种对自然的敬畏与赞美之情，不仅让公众对自然产生了更加深厚的情感与认同，也激发了他们对环保创新的思考与行动。在舞蹈与音乐作品中，艺术家们通过优美的舞姿与动人的旋律来诠释自然之美与生命之力。他们运用身体的语言与音乐的节奏来模拟自然界的声响与动态，使公众在欣赏艺术的同时，也感受到了自然的魅力与力量。这种对自然的艺术化表现不仅丰富了公众的精神世界，也提升了他们对环保创新的认知与行动能力。

3. 提升公众的环保创新能力

通过借鉴和学习传统手工艺与民间艺术中的环保创新灵感，公众可以逐渐提升自身的环保创新能力。这种能力的提升不仅体现在环保技术与产品的研发上，更体现在环保生活方式的创新与实践上。在环保技术与产品的研发方面，公众可以从传统手工艺与民间艺术中汲取灵感，开发出更加环保、节能、可持续的产品与技术。例如，可以借鉴传统手工艺中的节约与再利用理念，研发出更加环保的包装材料与建筑材料；可以学习民间艺术中对自然的敬畏与赞美之情，开发出更加注重生态保护与修复的技术与产品。在环保生活方式的创新与实践方面，公众也可以从传统手工艺与民间艺术中汲取灵感。例如，可以学习手工艺人注重材料节约与再利用的生活方式，将其应用到日常生活中；可以借鉴民间艺术中对自然的艺术化表现方式，将其融入家居装饰与生活方式中。通过这些创新与实践，公众可以在日常生活中不断探索与实践更加环保的生活方式，为推动社会的可持续发展贡献自己的力量。

参考文献

［1］晁然. 探索当代文化环境中传统藏戏的艺术新貌［J］. 中国戏剧，2024
（1）：92-94.

［2］樊景菲. 低碳经济理念下绿色金融在重污染工业中的应用研究［J］. 现
代工业经济和信息化，2024，14（4）：148-151.

［3］曹哲. 当代环境艺术设计中传统建筑吉祥文化的价值与应用［J］. 黑河
学院学报，2023，14（10）：179-182.

［4］王相女. 环境艺术设计中传统纹样的运用［J］. 天工，2022（5）：
80-81.

［5］姜炤. 论中国传统工艺的传承与当代金工的关系及发展［J］. 天工，
2022（23）：94-96.

［6］李斐然. 环保意识与可持续发展视角下的陶瓷艺术教育研究［J］. 景德
镇陶瓷，2024，52（2）：23-25.

［7］潘琴，梁启俊. 生命共同体、环境正义与可持续发展：欧阳黔森创作中
生态意识的三个维度［J］. 凯里学院学报，2024，42（2）：49-54.

［8］王希科. 中国传统文化中的生态智慧［J］. 新乡学院学报，2022，39
（5）：9-12，17.

［9］徐东黎，杨明芳，李娅楠. 中国传统生态智慧的内涵、特征与当代启示
［J］. 延边党校学报，2023，39（5）：19-23.

［10］祁永超. 独龙族传统文化中的生态智慧及其当代价值［J］. 创造，

2023，31（8）：70-74.

［11］安德利，原琛淞，褚兴彪. 基于湘桂黔界邻区调查的侗族传统村落生态智慧系统构建［J］. 湖南包装，2023，38（3）：116-120，124.

［12］丁木乃. 彝族尔比文化生存智慧与生态治理实践的生态人类学研究［J］. 乐山师范学院学报，2022，37（5）：104-108.

［13］刘媛媛. 从文化视角看中国传统生态智慧［J］. 国际公关，2022（15）：61-63.

［14］赵建军. 大力弘扬中华优秀传统文化中的生态智慧［J］. 秘书工作，2021（10）：77-79.

［15］包伊玲，唐洁，陶锋. 生态智慧在《居住庭院空间设计》课程中的演绎与应用［J］. 设计，2020，33（15）：106-109.

［16］王昕，唐登林. 中国企业对"一带一路"国家的投资内因与市场选择：基于环境可持续发展框架［J］. 国际商务研究，2024，45（4）：19-32.

［17］薛静. 水利工程施工中的环境保护与可持续发展策略［J］. 河南水利与南水北调，2024，53（6）：25-26.

［18］黎文蕊. 西北地区农业生态环境保护与农业可持续发展分析［J］. 河北农业，2024（6）：41-42.

［19］梁颖，王红英，刘晨希. 环境监测在城市可持续发展中的重要性与挑战［J］. 黑龙江环境通报，2024，37（7）：74-76.

［20］叶鑫，林乃峰，许小娟，等. 生态保护红线人为活动生态环境影响评价研究［J］. 环境保护，2023，51（Z1）：21-25.

［21］张莹. 生态环境保护政策的演变特征及未来趋势探析：基于五年规划（计划）文本的分析［J］. 改革与开放，2023（2）：25-33.

［22］肖芬蓉. 长江经济带生态环境保护政策的耦合协同评估［J］. 长江大学学报（社会科学版），2022，45（3）：76-83.

［23］杨悦，刘冬，徐梦佳，等. 国土空间开发保护新格局下的主体功能区生态环境政策研究［J］. 环境保护，2021，49（22）：20-26.

［24］李秀东. 传统生态文化在青海生态文明建设中的价值体现［J］. 青海环

境，2023，33（4）：175-178.

［25］任平. 从中国传统文化出发看待当代的生态环境问题［J］. 浙江经济，
2023（12）：18.

［26］李洪修，刘燕群. 文化生态学视角下中华优秀传统文化融入学校课程体
系的路径研究［J］. 民族教育研究，2022，33（2）：124-130.

［27］柴荣. 中国传统生态环境法文化及当代价值研究［J］. 中国法学，2021
（3）：287-304.

［28］缪盛贵，耿献伟. 文化生态学理论视角下的藏族传统体育代际传播研究
［J］. 武术研究，2024，9（6）：105-108，113.

［29］卞素萍. 可持续理念下生态环境保护与美丽乡村建设［J］. 建筑与文
化，2020（8）：189-190.

［30］刘莹. 大力弘扬生态文化　创新生态环境宣传教育［J］. 黑龙江环境通
报，2024，37（2）：123-125.